Art & Character Make up

JI-YEON CHUN
JEONG-HEE KIM
KWUY-YOUNG LEE
HYO-JIN BANG
SU-MI SONG
SU-NA OH

Chung Ku Publisher

머리말

메이크업은 21세기 국가핵심 성장동력산업으로 자리매김하고 있는 미용의 한 분야로 단지 외모를 향상시키는 것 외에도 자신의 이미지를 연출할 수 있으며 내면의 자신감을 회복시켜 주고 나아가 원만한 대인관계를 하게함으로써 사회적으로 성공할 수 있는 기본요소가 된다는 점에서도 그 중요성이 점점 더 부각되어 가고 있다.

최근 한류열풍이 아시아를 넘어 유럽과 미국, 남미 등 전 세계를 휩쓸며 한국 걸 그룹의 메이크업에 관심이 쏠리며 해외 Beauty 박람회 및 백화점에 한국 화장품회사가 주요자리에 입점하고 한국 여성, 특히 걸 그룹의 메이크업이 전 세계 여성의 주목을 받고 있다.

걸그룹의 메이크업은 일반 뷰티 메이크업에서 진한 광고성 메이크업, 더 나아가 아트 메이크업이나 캐릭터 메이크업적인 요소가 가미되어지며 그래픽적인 디자인까지 점점 다양해지고 과감해지면서 다각화되어지고 있으며 다른 걸그룹과의 차별화를 보이려고 노력하고 있다.

또한 걸그룹의 메이크업 외에도 최근의 메이크업은 광고 메이크업이나 패션 메이크업에서도 컬러나 디자인면에서도 다양화 되어지는 실정이다. 이러한 다양한 메이크업을 시연하기 위해서는 아트 메이크업이나 캐릭터 메이크업의 훈련이 지속적으로 이루어지는 가운데 창의력과 테크닉의 완성도가 높아질 것이다.

본서에서는 기초 메이크업에서 일반적으로 시행되는 뷰티메이크업과 분장의 범위를 제외한 아트 메이크업과 캐릭터 메이크업 부분을 다루었다. 1장에서는 아트 & 캐릭터 메이크업의 개념을, 2장에서는 파티나 이벤트에 활용되는 인형, 삐에로, 뱀파이어 등의 캐릭터 메이크업을, 3장에서는 판타지, 아트마스크, 바디페인팅, 타투 등의 아트 메이크업으로 나누어 수록하였다. 준비과정에서 필요한 제품과 작품사진을 제시함으로써 학생들에게 준비하는 자세를 갖도록 하였다. 부디 본서를 통하여 다양한 메이크업을 시안하고 작성 실시하여 봄으로 실력이 향상되기를 기대해본다.

그간의 경험과 자료를 바탕으로 최선을 다하였으나 미흡한 점을 절감하며 이러한 점들은 여러 선배제현의 조언을 받아 계속적으로 수정 · 보완해 나갈 것이다. 끝으로 이 책이 출판되기까지 제품을 제시하도록 도와주신 지나바디아트 대표님과 메이크업포에버, 아낌없는 관심과 애정으로 출판을 맡아 수고하여주신 청구문화사 이상태 사장님과 임직원 여러분께 깊이 감사를 드린다.

2013. 08

저자일동

목 차

I

아트&캐릭터 메이크업 이론

1. 아트 & 캐릭터 메이크업의 개념
2. 아트 & 캐릭터 메이크업 디자인
3. 아트 & 캐릭터 메이크업의 적용

1 아트 & 캐릭터 메이크업의 개념

1) 아트 & 캐릭터 메이크업의 정의

(1) 아트 메이크업의 정의

인간이 언제부터 화장을 시작했는지 그 기원을 밝히는 것은 고대와 현대의 화장형태가 다르고, 그 목적이 여러 가지 형태로 나타나는 등의 이유로 정확히 정의하기가 매우 어렵다. 그러나 지금까지의 연구에 의하면 화장의 기원을 인류의 생존과 같은 시기라고 가정(假定)하고 있으며 아트 메이크업 또한 그 시작이 같다고 볼 수 있다. 특히 아트 메이크업은 얼굴에 그리거나 칠하는 것에 한정된 것이 아니라 신체를 아름답게 치장하기 위해 시작한 것으로 추정된다.

최초의 인류는 자연의 천연 재료를 이용하여 치장을 하거나 변장을 하였는데 이때의 위장은 수많은 적들이나 동물들로부터 살아남기 위하여 신변보호를 위한 목적이 가장 컸다. 이후 적을 위협하는 수단으로 변장을 하다가 치장이나 변장이 익숙해지면서 남성은 자신의 위엄이나 용맹성을 표현하기 위하여, 여성은 자신의 미모를 돋보이게 하기 위하여 치장을 하기 시작한 것이 아트 메이크업의 시초인 것이다.

아트 메이크업이란 메이크업 아티스트가 인간의 육체를 시각적으로 표현하여 이를 통해 창의적이고 독창적인 예술세계를 구현하는 메이크업 영역이다. Siegmund Verlag(1986)는 '아트 메이크업을 인체를 재조형한 예술로서 새로운 현상, 기존의 틀을 벗어난 새로움의 추구, 새로운 현실성 등을 알리는 것이며 특별한 회화기법으로 인체에 디자인 한 것이다.'라고 하였다. 즉 아트 메이크업은 예술성을 추구하는 메이크업으로 표현상의 어떤 구속도 받지 않는 조형예술의 한 장르로 인식되고 있다.

아트 메이크업에 대한 사전적 정의를 살펴보면 아트 메이크업은 얼굴 혹은 신체를 바탕으로 각양각색의 그림, 형태, 장식 등을 이용하여 강한 메시지를 전달하는 것으로 정의되어있다. 아트 메이크업은 자신의 생각이나 주제를 표현하거나 창의적으로 이미지화하여 메이크업을 예술의 경지로 만드는 분야라고 할 수 있다.

그림 1-1. 아트 메이크업(사악함의 향기)

그러나 더 세분화된 아트 메이크업의 정의를 살펴보면 연구자에 따라 그 정의를 조금씩 다르게 표현하고 있으며 그 내용은 다음과 같다.

첫째, 아트 메이크업의 가장 일반적인 정의로는 "인체에 행해지는 메이크업으로 색, 표현, 주제, 기법, 재료 등에 구애받지 않고, 예술적 이미지만을 중시하여 인간의 육체를 재조형 한 예술로써 새로운 현상, 새로움의 추구, 새로운 현실성 등을 알리는 것이다. 또한 '인체에 디자인한 메이크업' 또는 '다양한 개성표현의 욕구에 의해 일반화되고 도식화된 메이크업'에 대한 상식을 초월하여 작가의 주관적 감성을 인체를 통하여 예술적으로 표현한 개념으로 정의하였다.

둘째, 광의적 측면에서의 아트 메이크업은 인간의 신체를 이용한 무한한 표현이 가능한 예술작품의 하나로서 무언의 메시지를 전할 수 있는 예술의 한 장르이다. 또한 인간의 미적 본능의 원초적 표현이며 나아가 그 사람의 생각과 느낌을 표현하기 위한 상징적 수단으로서 강한 메시지를 전달하는 과정 또는 주제나 관념을 창의적으로 이미지화하는 과정의 예술이기도 하다. 아트 메이크업은 인체를 도구화하여 이미지를 형상화 하고 모델과 작가의 정신과 관객과 음향과 무대의 연출이 종합적으로 재구성되는 전위적 종합예술로 정의되고 있다.

결론적으로 여러 연구자들의 아트 메이크업에 대한 정의를 종합해 보면 아트 메이크업은 인간의 신체를 매체로 하는 종합적인 표현예술이며 아트 메이크업 작업에 있어서 가장 강렬한 메시지를 전달하는 매체는 바로 인체라 할 수 있다.

그림 1-2. 아트 메이크업 *Snow queen*

(2) 캐릭터 메이크업의 정의

메이크업 *Make-up*의 가장 기본적인 정의는 얼굴 또는 신체의 결점을 보완 수정하고 장점을 부각시켜 개성있고 아름답게 꾸미는 것을 의미한다. 즉 자신의 신체나 그 일부분을 아름답게 수정함으로서 장점을 미화하고 단점을 커버하여 내면적인 부분과 외면적인 부분을 조화롭게 상호 작용시켜 자신만의 독특한 개성을 연출하며 미적 감각을 극대화시키는데 목적이 있다. 그러나 현대 메이크업은 매우 빠른 속도로 변화 · 발전하고 있으며 그 범위 또한 확장되어 넓은 의미에서의 메이크업은 인체 전체를 표면적으로 변형시키는 것으로서 장식적 의미를 넘어서 새로운 예술적 표현이 더해지고 있다.

캐릭터 메이크업이란 노인, 바보, 괴물 등 극중 인물의 성격에 맞는 형상을 만드는 성격 메이크업이다. 실제로 배우의 외모를 향상시키거나 변화시키기 위해서 얼굴이나 신체 일부에 적용된 화장술은 배우들을 촬영에 적합하게 만들어 주며 화장, 가발, 염색, 의상 등을 이용해 배우가 역할 캐릭터에 근접하도록 해준다.

이처럼 메이크업은 배우를 관객에게 매력적으로 보이게 함으로써 관객들을 현실보다 흥미진진하고 매력적인 세계로 안내하거나 관객들이 스크린상의 인물에 동화되게끔 한다. 또한 메이크업은 배우들이 관객들에게 실제 등장인물처럼 보이게 만든다는 점에서, 배우들을 특정한 배역으로 전환시키는 데 중요한 역할을 하며 때로는 현실에서 불가능한 인물을 창조하기도 한다. 예를 들어 잭 피어스 *Jack Pierce*는 <프랑캔슈타인>(*Frankenstein*, 1931)에서 보리스 칼로프 *Boris Karloff*가 연기한 괴물을 만들어냈다.

메이크업 아티스트는 매체에 대한 지식이 있어야 하며 필름의 일반적인 특성뿐 아니라 이미지 조명과 컬러에 대한 전문적인 식견도 가지고 있어야 한다.

2) 아트 & 캐릭터 메이크업의 역사

(1) 아트 메이크업의 역사

가. 원시 메이크업

원시인들이 언제부터 신체에 페인팅을 함으로써 미를 표현하고 색을 사용하게 되었는지 모르지만 자신을 아름답게 꾸미고자 하는 원초적 본능이 그 기원임을 추측할 수 있다. 동굴에서 발견되는 구석기시대의 벽화와 붉은 황토 및 도구, 그리고 구석기 시대 매장터에서 발견되는 유골에 페인팅 된 흔적에서 이미 그 시대부터 메이크업이 시작되었음을 알 수 있다. 구석기시대의 다채로운 마스크와 신체의 외형변화효과는 일상생활은 물론 애니미즘 *animism* 종교의 주술적 요소로써 신에게 좀 더 가까이 가고자 했던 목적이었다.

자연의 색을 이용하였던 치장은 사냥, 원초적 자연상태의 주술적인 힘들로부터 보호의 목적, 다산 숭배의 종교적 목적 등 여러 의미를 내포하였다.

이 후 신석기시대에는 사냥과 채집으로부터 농업과 목축으로 혁명적 변화를 가져왔고 그에 따라 자신의 신체를 변화시키는 것, 다른 혈연관계와 구별하는 것, 종교적 주술을 위한 것 등 모든 행위들이 구석기 보다 세련되어졌다.

그림 1-3. 현대까지 남아있는 원시 메이크업의 흔적

그림 1-4. 원시 메이크업

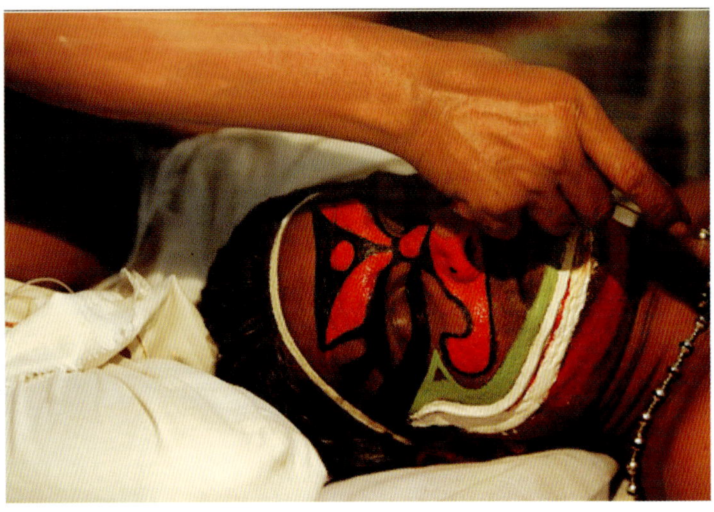

그림 1-5. 인도의 페이스 페인팅

나. 고대 아트 메이크업

고대의 아트 메이크업은 다른 예술적 표현들이 우발적인 동기에 의한 행위였던 것에 반해 종교나 사회적, 정치적 개념을 가진 특수한 목적을 가지고 있다. 이것은 아트 메이크업에 배경으로 작용되어서 그 이해에 있어 분리될 수 없으며 '상상의 세계' 그 일부로 보아야 한다. 당시 페인팅에 사용된 색들은 근본적으로 모든 것이 하나의 중심세계와 연관이 있다는 개념에서 나오며 신과 성직자들도 그것을 통해서 영혼의 세계가 표현된다고 생각하였다. 고대인들은 페인팅을 통해 현세와 내세가 서로 왕래한다고 믿었고 모든 현상은 인간이 노력하여 얻어낼 수 있는 초자연적인 힘에 의해 열려있다고 믿었다. 춤, 노래, 육체적 장식과 색칠의 모든 것들이 하나가 되어 이는 곧 의학이며 수호, 영혼, 은총을 얻기 위한 행위이자, 믿음이라 여겨졌다.

고대 아트 메이크업 중 이집트는 문명적으로 커다란 발전을 했으며, 예술적으로도 가치기여도가 가장 큰 시대로 볼 수 있다. 이집트 시대의 여성들은 스스로 꾸미기를 즐겼고, 가장 완성된 단계의 메이크업은 현대 메이크업의 시각에서 비추어보아도 손색이 없을 정도로 매우 우수하였다. 이집트인들은 몸과 마음을 깨끗이 하는 것을 필수 조건으로 여겼으며 화장은 주로 여자들 사이에서 발달하였고, 향이나 몰약을 사용하였으며 많은 노출로 인한 피부 마사지를 했다. 또한 눈과 눈썹을 길게 보이게 하기 위해 화장 먹을 칠했으며 초록이나 하늘색 아이섀도를 했다. 크레오파트라 여왕시대에는 입술화장의 기록이 있는데 입자가 매우 고운 적토를 사용하여 입술과 뺨을 붉게 표현하였다고 한다.

이와 같은 모든 메이크업의 행위는 고대 문명에 있어 가장 발달된 형태의 메이크업으로 보여지며 그 표현 방법 또한 제한적이지 않은 아트 메이크업에 가까울 수 있다.

고대인들의 모든 예술적 표현의 양식 중 아트 메이크업은 특별히 정의하기가 어렵지만 이와 같은 표현의 다양함과 과감함은 20세기 메이크업 아티스트들에게 새로운 아트 메이크업의 예술형태에 있어 많은 영감을 주고 있다.

그림 1-6. 고대 이집트의 메이크업

그림 1-7. 인도의 헤나 *Henna*

이 후 변장에서 분장으로 발전하면서 고대 그리스시대에는 자연광선 아래에서 가면극이 행해졌다. 그러나 야외에서 행해진 노천극은 시간이나 날씨 등의 자연적인 제한을 받으면서 점차 실내로 이동하게 되었다. BC 18세기 경 가면극이 실외에서 실내로 옮겨짐에 따라 가면극이 가지고 있는 단점 중 얼굴의 변화인 희, 노, 애, 락 등이 한정되게 표현되었기 때문에 그 내용을 이해하는데 많은 어려움이 따랐을 것이다. 이러한 가면극의 특징으로 인해 관객들 호응도가 점차 떨어지게 되어 여러 가지 단점을 보완하는 차원에서 BC 12세기경 가루 상태인 안료를 물에 녹여서 죽처럼 만들어 손가락으로 배우의 얼굴에 직접 그리기 시작했다.

다. 근·현대의 아트 메이크업

근대에는 시민혁명의 영향으로 사회 전반적으로 유행하였던 진한 메이크업이 사라지고 청결과 위생을 중시하여 피부관리가 중요 시 되었으며 자연스러운 메이크업이 선호되었다. 이에 아트 메이크업은 신분을 나타내거나 공연 예술분야에서 적용되는 경우가 대부분이었다.

오늘날 아트 메이크업은 예술성을 추구하는 메이크업으로 표현상의 어떠한 구속도 받지 않는 실험적인 조형예술의 한 장르로 발전하고 있다. 마치 화가들이 다양한 소재를 이용하여 그림을 그리듯이 모델의 얼굴과 몸에 예술적 감각을 표현하기 위해 전통적이고, 전형적인 메이크업의 틀을 벗고 그 한계를 넘는 것이다.

그림 1-8. 아트 메이크업

특히 아트 메이크업이 현대적 예술로 표현되기 시작한 계기가 된 1950년대 말의 이브 클라인 *Yves Klein*의 「인체측정」시리즈들은 인간을 '살아있는 붓'으로 사용하는 극단적인 표현방법을 만들어 내었고, Vienna 행위예술가 그룹이 제시한 바디아트의 미학적 기준들과 함께 표현 방법론 또한 확립되었다.

이 후 1966년 아트 디렉터인 마틴 리트 *Martin Ritt*에 의해서도 아트 메이크업은 새로운 현대적 예술로 표현되기 시작하였는데, 작품들을 살펴보면 인체에 행해지는 메이크업으로 색이나 표현, 주제, 기법, 재료 등에 구속을 받지 않고 단지 예술적인 이미지만을 중시하고 있다. 이러한 아트 메이크업은 최근에 이르기까지 창의적이고 실험적인 시도가 지속적으로 이루어지고 있으며 다양한 주제와 표현 테크닉이 발전되어 최근 아트 메이크업의 대표적 표현 주제로는 사이버적인 경향의 미래적 이미지 표현을 들 수 있다. 이로 인하여 특수효과를 활용한 아트 메이크업 이미지가 나타나고 있으며 이러한 표현양식은 현대예술 양식 중 대표적인 포스트 모더니즘과 초현실주의적 경향으로 분석된다. 결론적으로 전체적인 아트 메이크업의 다양한 시도는 현대의 많은 예술사조와 그 흐름을 같이하고 있으며 하나의 예술작품, 나아가 예술 장르로 발전하고 있다.

그림 1-9. 아트 메이크업

그림 1-10. 아트 메이크업(바디페인팅)

(2) 캐릭터 메이크업의 역사

중세, 근대의 캐릭터 메이크업은 주로 무대를 배경으로 배우들에게 적용된 무대분장에 한정되었으나 현대의 캐릭터 메이크업은 무대 뿐 아니라 영상 및 각종 다양한 산업부분에서 활용되는 메이크업으로 확장되고 있는 추세이다.

1909년 디아길레프 *Diagilev*가 인솔한 러시아 발레단의 프랑스 공연은 유럽에 동양의 신비로운 색채와 감각을 선보이는 계기가 되었고 당시 무용가 안나 파블로바 *Anna Pablova*의 밝고 강렬한 무대화장은 파리 여성들의 메이크업에 응용되어 당시 영국 빅토리아 여왕 시절의 파스텔 톤의 메이크업 경향을 변화시켰다.

1920년대 대중문화가 본격적으로 도입되면서 대중 매체의 영향력으로 인해 여배우들의 메이크업이 유행을 주도하여 메이크업 제품 뿐 아니라 테크닉도 발전하게 되었다. 따라서 1920년도에는 최초의 입체적인 얼굴을 위한 메이크업의 개념이 소개되었다.

이 후 1936년에 맥스 팩터 *Max Factor*에 의해 영화분장용 팬케이크 *Pan Cake*타입의 메이크업 제품이 개발되었고 색조화장품의 종류가 다양해지고 품질 또한 개선되어 다양한 메이크업 스타일이 연출되었다. 따라서 이전의 스테이지 메이크업 뿐 아니라 TV, 영화에 활용되는 메이크업을 중심으로 캐릭터 메이크업은 그 적용분야가 확장되었으며 산업활용도 또한 높아지고 있다.

그림 1-11. 자연을 모티브로 응용한 아이메이크업

특히 1950년대 이후 메이크업 스타일은 이전의 뷰티 메이크업 색상과 디자인에 국한되지 않고 다양하게 응용된 디자인과 색상을 선보였다. 그 예로 파리의 미용사 앙뜨와느는 일본 가부키의 구마도리(분장할 때 청색, 홍색의 선을 그려 넣는 일본 특유의 화장법)에서 힌트를 얻은 아이섀도를 발표하였고, 50년대 중반경 가라 *Gala*는 메이크업에 새로운 아이디어를 다양하게 시도하였는데 녹색과 은색 등을 포함한 차가운 색의 립스틱 화장법으로 호평을 받았다.

1960년대에는 아방가르드의 색채가 화장품에 적용되었으며 1965년에는 파블로 만조니 *Pablo Manzoni*의 환타지 *fantasy & bizaree* 메이크업을 시도하였다. 또한 이 시기에 트위기 *Twiggy*가 보그잡지 표지에 꽃모양의 환타지 메이크업을 발표하여 광고분야에서 캐릭터 메이크업에 획기적인 변화를 가져왔다. 이 후 메이크업은 뷰티 메이크업의 한계를 넘어 패션 및 영상 무대 메이크업에 이르기까지 다양하게 응용, 발전하고 있다.

그림 1-12.
파블로 만조니 *Pablo Mazoni*
기하학적 아이메이크업

그림 1-13.
파블로 만조니 *Pablo Mazoni*
아이메이크업

그림 1-14.
트위기 *Twiggy*의
꽃모양의 환타지 메이크업

그림 1-15. 엘리자베스 아덴의 파블로 만조니 환타지 아이메이크업
(Vogue October 1, 1965)

3) 아트 & 캐릭터 메이크업의 특성

(1) 아트 메이크업의 특성

아트 메이크업에 있어서 표현방법의 기본은 신체의 근육 및 라인을 더욱 돋보이게 하거나 신체 각 부위의 형태적 특성을 개성적으로 표현하는 등 메이크업 아티스트가 인체를 통하여 받은 영감을 표현하는 것을 중심으로 한다. 생동하는 신체는 그 자체가 살아서 움직이는 이동식 동영상 캔버스가 되므로 이러한 작업은 예술적 표현 뿐아니라 동적인 움직임을 통하여 관객들로 하여금 다양한 예술적 감성을 자극하여 감동을 준다. 신체에 표현된 아트 메이크업의 감흥은 예술적 해방과 자유를 추구하게 되며 이는 강한 시각적, 예술적 감성을 전달한다.

그림 1-16. 아트 메이크업 *Body Painting*

아트 메이크업은 인간의 미적 본능의 원초적인 표현이며, 나아가 그 사람의 생각과 느낌을 표현하기 위한 상징적 수단으로 오늘날 중요한 예술의 한 장르로 부각되고 있다. 이러한 미적 본능 중 하나인 아트 메이크업은 신체보호, 종교적인 욕구충족, 사회적 지위 등을 표현하고자 하는 것으로부터 시작되었다. 이는 현대에 와서 자신의 외모에 조화로운 색채를 배색하여 화려하게 표현하는 예술작품으로 보다 새롭고 독창적인 디자인을 표현하는 커뮤니케이션 수단으로 활용되고 있다.

아트 메이크업의 토대가 되는 인체의 형태는 모델의 특성에 따라 다양한 느낌을 전달하며, 인체라는 캔버스에 색상을 표현하는데 있어 피부색의 표현은 감정 표현의 수단으로 사용되기도 하는데 격노, 수치, 공포를 느낌에 따라 피부색은 하얗게, 새파랗게 되거나 붉어지는 등 다양하게 변화된 표현이 이루어지며 메이크업 디자인 또한 자기표현의 다양한 형태로 환희, 분노, 투쟁 등을 전하기도 한다.

아트 메이크업의 표현방법에는 구체적인 표현과 추상적인 표현 크게 두 가지로 분류할 수 있는데 구체적인 표현이란 우리 눈으로 실물을 직접 확인할 수 있는 것을 형상화시키는 것을 말하고 추상적 표현이란 용, 인어, 천사, 감정 등 보이지 않거나 존재하지 않는 상상을 표현하는 것이다.

그림 1-17. *Avant-Garde* 스타일의 아트 메이크업

(2) 캐릭터 메이크업의 특성

캐릭터 메이크업은 뷰티 메이크업의 경계를 넘어서 다양한 스타일의 표현이 연출될 수 있으며 표현에 제한이 없어 다양하고 새로운 재료와 오브제를 이용하여 창조적인 디자인을 시도할 수 있다. 캐릭터 메이크업은 뷰티 메이크업과 달리 극중 인물의 성격에 맞는 형상을 만드는 성격 메이크업이다. 실제로 배우의 외모를 향상시키거나 변화시키기 위해서 얼굴이나 신체 일부에 적용된 화장술은 배우들을 촬영에 적합하게 만들어 주며 화장, 가발, 염색, 의상 등을 이용해 배우가 역할 캐릭터에 근접하도록 메이크업을 표현할 수 있다.

캐릭터 메이크업에서 가장 기본적인 캔버스는 얼굴 및 신체이며 메이크업 디자인은 얼굴과 신체의 특성에 적합한 캐릭터 메이크업이 적용되었을 때 그 효과가 극대화 될 수 있다. 따라서 인체를 이해하고 인체의 특성에 따라 메이크업을 표현하는 방법은 뷰티 메이크업과 동일하지만 표현에 있어 다양하고 창조적인 측면이 뷰티 메이크업과의 차이이다.

인체의 특성을 이해하기 위해서는 먼저 인체의 형태, 피부색과 질감, 움직임을 이해하는 것이 중요하다. 이는 평면의 흰 캔버스에 표현하는 미술작품과는 다르게 인체의 특성에 따라 동일한 재료를 사용하여 메이크업을 표현하였다 하더라도 표현된 디자인이나 스타일이 다르게 표출되기 때문이다. 즉 메이크업 재료 및 오브제, 디자인뿐 아니라 인체라는 캔버스는 작품 표현에 중요한 영향을 주는 요인이므로 모델의 특성 또한 캐릭터 메이크업의 표현요소로 볼 수 있다. 따라서 표현하고자 하는 컨셉에 적합한 모델에 연출하고자 하는 캐릭터를 다양한 재료와 오브제를 이용하여 표현하는 작업이 캐릭터 메이크업이라 할 수 있다.

캐릭터 메이크업은 아트 메이크업과 같은 맥락으로 그 경계가 모호하지만 특징적인 차이를 살펴보면 표현목적과 메이크업 산업에서의 활용도라 할 수 있다. 캐릭터 메이크업은 뷰티 메이크업과 달리 표현목적 및 방식이 독립적이며 창조적이다.

그림 1-18. Diamante를 응용한 메이크업

그림 1-19. Tattoo를 응용한 메이크업

4) 아트 & 캐릭터 메이크업의 유형

메이크업의 분류는 메이크업의 특성과 목적에 따라 다양하게 분류될 수 있는데 보편적으로 메이크업은 뷰티 메이크업, 캐릭터 메이크업, 스페셜 메이크업으로 구분할 수 있다. 국내에서는 일반적으로 뷰티 메이크업을 화장이라고 지칭하며 미(美)를 추구하기 위한 목적으로 인체를 아름답게 표현하는 행위로 볼 수 있다.

이러한 뷰티 메이크업에는 일반적인 내츄럴 메이크업, 계절 메이크업, 웨딩 메이크업, 한복 메이크업, 파티 메이크업 등 다양한 테마가 있다.

다음으로 캐릭터 메이크업은 일반적으로 분장이라고 일컬어지는데 아름다움이 목적이 아니라 주어진 역할과 목적에 따라 그에 적절한 형태로 인체를 변화시키는 메이크업을 의미하며, 캐릭터 메이크업에는 무대 메이크업, 영상매체 메이크업, 광고 메이크업, 아트 메이크업, 스페셜 메이크업 등이 있다.

무대 메이크업에는 연극분장, 오페라분장, 뮤지컬, 성극, 마당놀이, 발레 등이 있으며, 영상매체 메이크업에는 TV, 영화, 광고 등에 사용되는 분장이 있다. 또한 예술적 분야로서의 아트 메이크업은 모드 메이크업, 환타지 메이크업, 바디 페인팅과 같이 한정된 범주 안의 분장이 아닌 독립된 작품으로서 보다 확장된 영역의 메이크업을 들 수 있다. 마지막으로 스페셜 메이크업, 즉 특수분장에는 상처분장, 보철분장 등이 있다.

(1) 아트 메이크업의 유형

아트 메이크업은 인체의 형태와 선의 변화 및 색의 사용을 적절하게 조화시키는 예술로 자신만의 개성과 독창성을 표현하는 회화적 특성을 가지고 있고 크게는 모드 메이크업, 환타지 메이크업, 바디 메이크업의 유형으로 분류될 수 있다.

① 모드 메이크업

모드 메이크업이란 패션 메이크업과 같은 의미로서 메이크업에 패션 및 예술의 의미를 부여한 것으로 단순히 인체를 아름답게 꾸미는 차원이 아니라 의상, 헤어스타일, 액세서리 등 토탈 패션의 요소로서 자신의 가치관, 기호, 상황 등을 표현하는 도구이며 자신이 속한 사회, 문화와의 교류를 의미하는 차원으로 확대된 아트 메이크업이라 볼 수 있다.

그림 1-20. 모드 메이크업(로코코 시대를 응용한 메이크업)

패션쇼에는 그 시대의 흐름을 반영한 미의식을 표현하는 유행사조가 있으며, 그것은 패션쇼의 패션과 메이크업을 통해서 나타난다. 따라서 현대의 모드 메이크업 표현 경향은 모델을 아름답게 만드는 뷰티 메이크업에서 벗어나 패션 컨셉에 맞추어 얼굴 및 신체를 하나의 표현의 장으로서 생각하는 경향이 두드러지며 더욱 더 다양한 스타일로 발전되고 있다.

그림 1-21. 패션 메이크업

② 환타지 메이크업

환타지 메이크업은 다양한 소재를 이용하여 강하면서도 화려하고 과장되게 이미지를 표현하여 작품의 효과를 높이고자 하는 기법이다. 먼저 환타지의 어원을 살펴보면 "터무니없는 공상, 종잡을 수 없는 상상이나 즉흥적인 착상, 즉 계획된 디자인의 흥미로운 발명"을 뜻한다. 즉 자신이 상상하는 것을 구체적인 소재를 사용하여 표현하는 것과 추상적인 소재로 표현하는 두 가지로 나누어 볼 수 있다. 이는 실제와 상상의 세계를 교합하는 추상적인 존재, 동물들의 형상화, 현실과 초현실을 연결하는 도구로써 표현되어 왔다.

- 환타지 메이크업을 위해서는 다양한 색상과 재료를 이용하여 새로운 방법을 시도하는 것이 좋으며 완벽한 디자인을 결정하기 위해 얼굴과 신체의 기본 구조를 이해해야 한다. 즉, 골격과 윤곽에 따른 자연스런 액센트를 줄 수 있는 디자인을 계획해야 한다.

- 중요한 포인트는 색상의 조화이며 색상 조화 뿐 아니라 미묘한 톤의 조절을 통해 효과적인 색채계획을 한다. 만약 강렬하고 파격적인 효과를 내고 싶다면, 초록색, 밝은 노랑, 감청색을 사용하거나 빨강/초록, 주황/파랑, 노랑/보라와 같은 보색을 이용할 수 있다. 좀 더 온화한 효과를 내고 싶다면 청록색, 라임그린, 짙은 자주색을 사용할 수 있다.

- 환타지 메이크업의 순서
  - a. 환타지 메이크업 디자인(아이디어 스케치)
  - b. 베이스 메이크업
  - c. 모티브 그리기(guidelines)
  - d. 색칠하기
  - e. 파우더
  - f. 오브제
  - g. 토탈코디네이션

그림 1-22. 환타지 메이크업

③ 바디 메이크업

바디 메이크업은 인간의 몸을 대상으로 일정한 재료와 양식, 기교 등을 사용하여 미를 창조하고 표현하는 인간의 활동이나 산물로 규정할 수 있다.

인간의 신체는 20세기 말 포스트 모더니즘 *postmodernism*적 사고가 곳곳에 등장함에 따라 이전의 소외와 무관심의 대상이었던 것들이 새로운 가치를 부여받으며 등장하기 시작했고, 이러한 사회적 분위기 아래 인간의 몸에 대한 인식에도 변화가 일기 시작했다. 이러한 관심은 인간의 내적 이미지의 세계를 신체에다 표현하는 바디 메이크업이라는 예술 장르를 새롭게 부각시키게 되었다.

바디 메이크업의 개념을 보다 명확히 규명하기 위해 각 연구자들이 제시하는 정의들을 살펴보면 다음과 같다. 연구자에 따라 바디 메이크업은 20세기 말에 갑자기 등장한 분야가 아니라 문신이나 가면의 형식을 통해 오래 전부터 인류의 역사와 함께 지속되어 온 문화라 정의하였고, 혹은 바디 메이크업이란 인간의 신체에 시각적으로 표현할 수 있는 모든 방법을 동원하여 이미지를 형상화하는 의식화된 행위이자 표현의 양식이요 예술과 인간의 조화된 독창적 예술이라 하였다.

페인팅의 한 분야, 즉 미술 분야의 하나로서 이해된 바디 메이크업 정의는 인간의 몸이 예술의 행위자인 동시에 표현의 재료로서 나타나는 예술의 형태라 정의하거나 예술가가 신체를 표현과 조형의 매체로써 사용하는 미술형태라고 하였다. 또는 바디 메이크업을 신체 미술적 관점에서 해석하고 있으며 사전적 의미의 바디 메이크업은 인간의 신체에 행해지는 장식품과 장식물, 즉 '신체를 새롭게 만드는 모든 것을 포함한 말이며, 그것은 영구적인 문신, 브랜딩, 상처나 또는 일시적으로 행해지는 페인팅*painting*이나 채색을 의미한다.' 고 하였다.

따라서 바디아트는 인간의 몸을 대상으로 어떤 일정한 재료와 양식, 기교 등을 사용하여 미를 창조하고 표현하는 인간의 활동이나 산물로서 인간의 신체를 형상화하는 예술 분야의 하나이며 인간의 몸이 예술의 행위자인 동시에 표현의 재료로서 나타나는 예술형태이다.

그림 1-23. "*The western world today*"
1950년 후반부터 "*Yves Klein*(1928~1962)"은 다양한 재료와 테크닉과 인체를 이용하여 종이와 켄버스위에 그림을 그렸다. 위 그림은 인체를 대고 그 가장자리에 에어브러시를 뿌려서 만든 작품이다.

현대 바디페인팅의 다양한 표현 양식은 이러한 바디 아트의 미학을 통해 보다 분명하게 이해될 수 있으며 모델, 관중이 함께 어울어진 종합예술이라 할 수 있다. 국내에서도 근래에 들어 바디 메이크업에 대한 활발한 움직임을 보이고 있으며, 바디 메이크업이 지니는 독특한 특징을 부각하여 광고나, 홍보 또는 퍼포먼스와 패션쇼, 각종 예술 부분에서 이용하고 있다.

그림 1-24. 바디페인팅

2 아트 & 캐릭터 메이크업 디자인

1) 아트 & 캐릭터 메이크업 디자인 개념

발상은 어떤 생각을 해낸다는 의미이며, 디자인 컨셉 *concept* 이전에 일어나는 과정이라 할 수 있다. 아트 메이크업을 행할 때, 발상의 순서는 창의적인 아이디어를 먼저 생각해 내고 주제에 따른 메이크업 재료와 그 밖에 스타일링을 위한 독특한 소재들을 찾아내고 이를 통한 형태를 구성하여 독창성 있는 디자인을 하는 것이 중요하다.

이를 위해서 일상의 모든 일이나 사물들을 재해석해서 보고 분석하며, 또한 이들을 재구성하는 훈련들이 도움이 된다. 예를 들어 자연을 소재로 하여 디자인하는 것이 목적이라면 일상에서 지나쳐버렸던 주변의 나무의 모습들도 관찰을 통해 스케치하여 자료를 모으거나 사진들을 스크랩하여 그 자료들의 선과 질감, 색감들을 다시 관찰하고 작성하면 자신이 표현하고 싶은 컨셉도 정리가 되면서 그 동안 미처 떠오르지 않았던 새로운 이미지를 만들 수 있는 것이다.

이렇게 디자인을 위한 자료들을 모으는 작업을 게을리 하지 말아야 하며 이러한 노력 가운데 새로운 아이디어가 떠오를 때는 메모나 스케치하는 습관을 가지는 것이 디자인 발상에 큰 도움이 된다.

디자인이란 라틴어의 데시그나레 *designare*에서 유래된 것으로 '계획을 기호로 표시하다'의 의미를 가진다. 근대 디자인의 개념은 1919년 '발터 그로피우스 *Walter Gropius*'가 모든 디자인의 새로운 통합을 지향하는 바우하우스 *Bauhaus*를 설립하면서 생겨났으며 19세기에서 현대에 이르는 동안 디자인은 기술과 예술이 결합되어 새로운 예술적 가치를 창조하는 것으로 발전되었다. 따라서 디자인의 주된 논의는 미적 가치(미의 절대성)와 기능적 가치(미의 공리성)의 두 중심과제이며, 인체를 중심으로 한 메이크업 디자인 또한 미적 측면과 기능적 측면이 동시에 고려되어야 한다.

❖ 발상의 조건

위에서 언급한 바와 같이 어떤 창의적인 디자인을 위해서는 여러 소재나 개념들을 자신의 디자인 주제에 맞게 다시 재구성하는 작업이 중요한데, 이를 위해서는 시각 뿐 아니라 청각, 후각, 촉각 등 주변에서 접해지는 여러 감각들을 통한 경험도 아이디어의 소재로 이용하면 더 넓은 의미의 독창적인 디자인을 할 수 있다. 이를 위해서는 다음의 몇 가지 조건을 충족시켜야 한다.

첫째, 창의적인 발상을 하기 위한 의도가 확실하게 세워져 있어야 한다.

둘째, 아이디어가 독창적이어야 한다.

셋째, 주제와 관련된 자료뿐만 아니라 주제와 관련하여 고정관념을 뛰어 넘는 소재 등 다양한 자료 수집이 필요하다.

넷째, 자료에 대한 전문적인 지식이 뒷받침 되어야 한다. 예를 들어, 바디페인팅 디자인을 위한 아이디어 발상을 위해서는 무엇보다 인체의 골격과 근육의 생김새와 움직임 등에 대한 이해가 필요하다.

다섯째, 좋은 작품을 완성하기 위해서는 끊임없이 새로운 것의 시도를 통한 경험이 중요하므로 이를 얻어내기 위한 계속적인 도전 정신이 필요하다.

2) 아트 & 캐릭터 메이크업 디자인 방법

(1) 아이디어의 발상 단계

창의적인 디자인을 위한 아이디어의 발상을 위해서는 먼저 주제를 정하고 자료를 수집한 후 아이디어를 정리하는 단계로 들어가는데, 먼저 중심이 되는 아이디어를 정하고 그 외의 자료나 아이디어는 선별하여 접합시키거나 발전시킬 필요가 있다.

(2) 디자인 발상 단계

무엇보다 작품의 목적과 성격이 우선적으로 확실하게 결정되어야 하며, 그 목표에 맞는 디자인의 방향을 결정한 후, 테마를 정하고, 그에 맞는 자료를 수집하여 이미지 맵을 만든다.

이미지 맵 *image map*을 만들 때에는 디자인의 영감의 근원이 될 수 있는 형태나 색감, 질감을 잘 표현하는 것이 중요하다. 이미지 맵을 만드는 과정을 통해 디자인의 테마와 선, 색채가 더 분명해지고 정리가 될 수 있으며 이에 맞게 소품들에 관한 계획도 분명히 정한 후 디자인 작업에 들어간다.

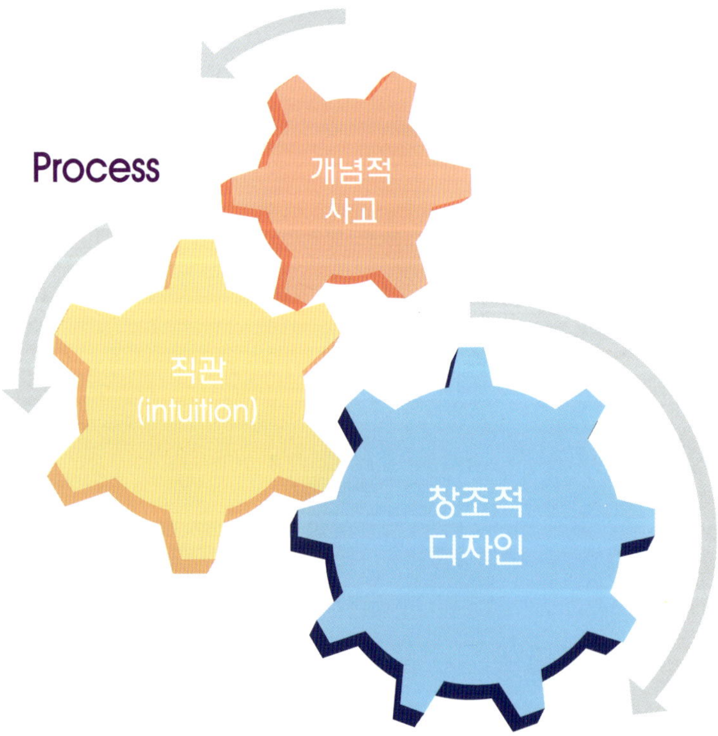

그림 1-25. 아트 메이크업 디자인의 발상 순서

(3) 디자인 발상 유형

앞서 말한 바와 같이 디자인에 있어서의 발상은 어떤 '테마'나 '컨셉'을 구체적인 형태나 이미지로 얻어내는 과정으로 발상의 목적과 접근하는 방식에 따라 여러 가지 유형의 발상법이 있다. 사고 유형에 따른 발상법의 한 가지는 일정한 논리적 프로세스에 따라 하나의 정확한 답을 얻기 위한 연역적 검증 사고법으로 테마분석, 정보수집, 기획 등 문제의 발견에서 해결까지 진행과정이 세분화되어 단계별 진행 및 이해가 명확하고 논리적이며 진행방법이 순환적이어서 문제의 파악이 명확한 사고 방법이다. 이러한 유형의 사고는 과학적 사고라고 하며, 분석적, 논리적, 이성적, 수리적, 발견적 측면이 우수하다.

이와 달리 직관적 사고법은 사고자 자신의 경험을 바탕으로 일정하게 계획된 틀 없이 머릿속에서 직관적으로 처리하는 사고 방법으로 사고의 영역을 확산시켜 명확한 답이 없이 다양한 답을 구하려는 유형이다. 이러한 유형의 사고는 흔히 예술적 사고라고 하며, 상상적, 경험적, 가상적, 직관적, 심미적, 종합적, 발명적 측면이 뛰어나다.

디자인에서 필요한 것은 우수한 직관이지만, 복잡한 문제를 해결하기 위해서는 문제를 명확하게 하기위한 개념적 사고가 선행되어야 한다. 즉, 진정한 의미의 '창조적 문제 해결 프로세스'는 이 두 가지 유형의 접근 방법을 모두 필요로 하는데 문제의 이해 단계에서는 많은 양의 정보를 객관적으로 분석하고 이에 대한 몇 가지 결론을 도달하는 수렴적 사고가 필요하며, 해결의 단계에서는 창의성 있는 아이디어를 가급적 많이 창안해 내는 발산적 사고가 필요하다.

다음은 디자인에 가장 많이 응용되는 몇 가지 발상법이다.

① 브레인 스토밍 *brain storming*

브레인 스토밍은 1930년대 말 미국의 알렉스 오스번 *Alex Osborn*이 제안한 방법이다. 이는 두뇌를 폭풍과 같이 빠르고 강하게 회전시켜 아이디어를 점진적으로 발전시켜 나가는 방법인데 크게 2가지 원칙, 즉 판단의 유보와 양은 곧 질이라는 원칙을 가지고 있으며 이를 수행하는 과정에서 지켜야 할 네 가지 기본 규칙이 있다.

네 가지의 기본 규칙은

첫째, 비평은 금물이고

둘째, 어떤 자유분방한 아이디어라도 배제되지 않아야 하며

셋째, 가급적이면 많은 양의 아이디어가 요구되며

넷째, 이미 제출된 아이디어들을 조합하고 활용하여 메이크업 디자인의 결과를 도출하는 것이다.

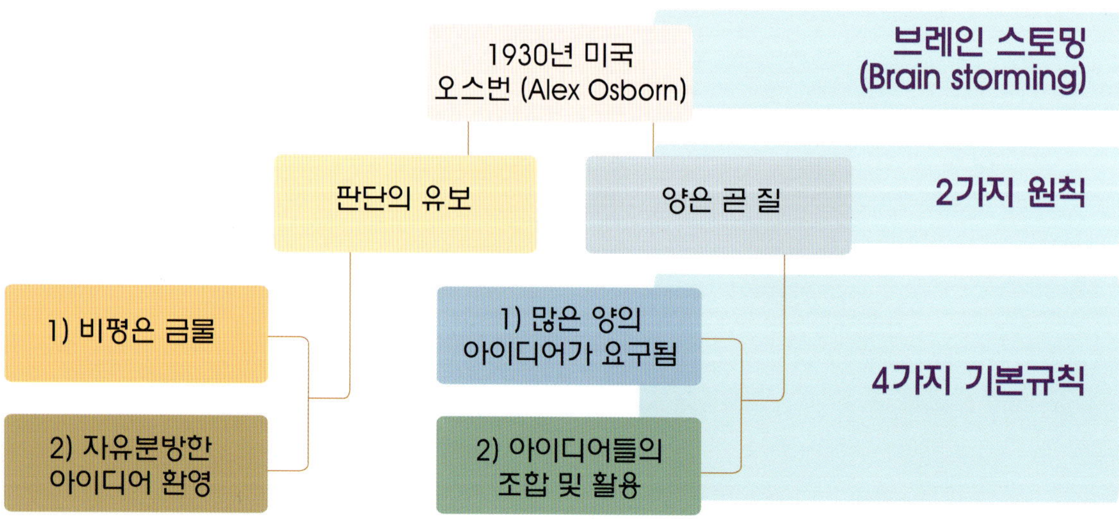

그림 1-26. 브레인 스토밍의 개념도

② 수사적 사고

수사적 사고는 논리적인 절차에 의해 창의적인 아이디어를 창출할 수 있는 발상법이며, 누구나 쉽게 배울 수 있고, 메이크업 아티스트들에게 유용하다. 수사적 사고는 그리기 전에 먼저 '생각'하게 하기 위한 것으로 '생각을 어떻게 전개시킬 것인가', '창의력을 위한 상상력을 어떻게 펼칠 것인가' 하는 방식을 제시해 준다.

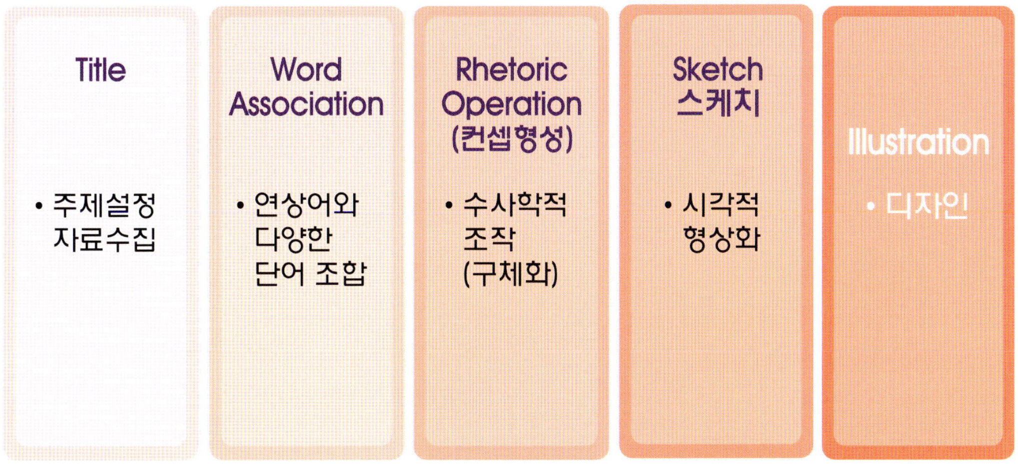

그림 1-27. 수사적 사고방식의 개념도

③ 연상법

발상법 가운데 자주 거론되는 것은 연상을 이용하는 연상법이다. 연상 방법에는 A라는 과제에서 B를 연상하고 다시 B라는 것에서 C를, C에서 D를 연상하는 식의 직선적 연상으로 연상의 폭을 넓혀가는 연속 연상방법과 A라는 과제를 핵으로 해서 그와 관련 있는 B, C, D, E를 방사선상으로 연상해 나가는 집합 연상방법이 있다.

경험이란 우리가 주변의 사물을 감각으로 받아들이는 과정이고, 개념은 경험을 통하여 얻어지는 사물의 표상이다. 개념적 이미지는 기억 속에 잠재되어 있다가 어떤 관념이 키워드로 주어지면 떠오르게 되는데 이것을 연상이라 하며 연상은 기억 이미지를 재생하는 것으로 연상은 유사성을 이용해 이루어진다.

연상에 의한 발상은 글에 의한 설명 없이 누구든 그것을 보고 비슷한 연상을 해낼 수 있어야 하지만 보는 사람의 상상력을 자극해서 나름을 해석을 하고 즐기도록 하는데 묘미가 있다.

직선적 연상법(연속 연상법)

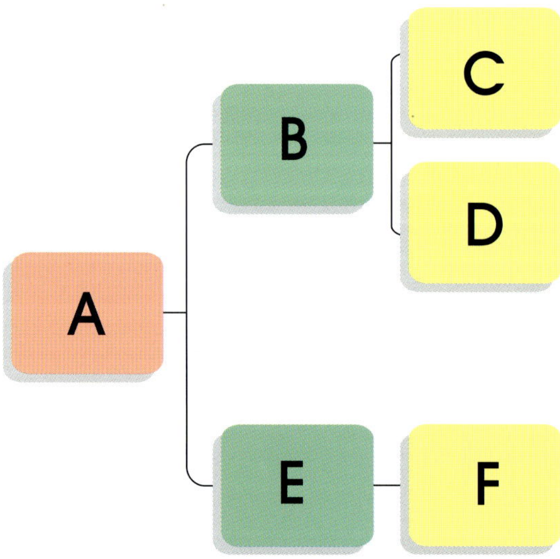

방사형 연상법(집합 연상법)

그림 1-28. 연상법의 종류

(4) 디자인 표현 방법

발상이 다른 사람에게 전달되어 객관성을 갖고 공감을 얻기 위해서는 어떻게 해야 하나, 표현 내용에 있어서 객관성은 무엇을 의미하며 왜 필요한가에 대하여 이해해야 한다. 따라서 심사숙고 후에 전달할 내용을 정리하여 최소한의 표현 요소로 최대한의 의미를 전달해야 한다.

어떤 표현 방법이든지 절대적인 표현 방법은 없으며 각각의 장 · 단점을 갖고 있다. 그러나 선, 면, 형태, 색채, 질감 등의 디자인 요소와 그 특성에 대해, 변화, 조화, 통일감, 비례감, 반복, 강조 등의 디자인 원리에 대해 이해하면서 표현한다면 훨씬 효과적인 표현이 이루어질 수 있다.

그림 1-29. 디자인 표현 방법

이 두 가지 표현에 있어 중요한 것은 점, 선과 면, 색의 적절한 사용이다. 점, 선, 면은 디자인의 가장 기본적인 요소로서 먼저 점은 크기와 명암에 따라 성격이 달라진다. 점은 크기가 있고, 작은 구체나 입자와 같은 입체가 되기도 한다. 이때 입체는 무게나 질량을 갖는다. 점의 형태는 일반적으로 둥근형이나 다각형 혹은 부정형과 같은 여러 형태를 갖는다. 또한 점은 다른 형과의 관계에 의해 여러 가지 의미가 주어진다.

공간에서 하나의 점이 위치하면 그 부분에는 시각적인 힘이 생기고 주의력이 그 점에 집중된다. 그러나 점의 수가 증가하고 그 배열에 따라 운동감이 생겨나며 서로 긴장감을 주는 구성, 리드미컬한 구성, 그룹을 이루는 형태 등 점의 크기나 형태 외에 어떻게 구성되는가에 따라 여러 조형적인 효과를 나타낼 수 있다. 또한 이러한 점들이 밀집하고 집합되면 곧 면과 형태로 변화한다.

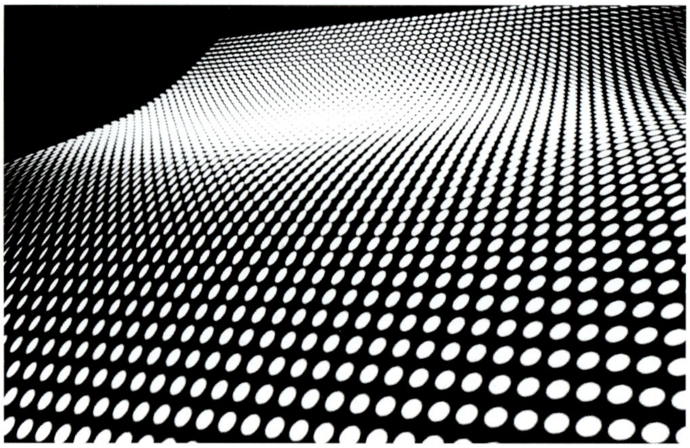

그림 1-30. 점의 특성

그림 1-31.
다양한 컬러 원형을 이용한
아트 메이크업

그림 1-32.
점을 이용한 아트 메이크업

다음으로 선의 사용은 직선의 강하고 기하학적인 느낌과 곡선의 부드럽고 여성적이며 환상적인 느낌을 나타낼 수 있다. 특히 선은 강하게 전달되는 특징이 있기 때문에 선을 이용한 테크닉 또한 강조할 부분이다. 선에도 그 느낌의 강약이 있어서 직선보다는 사선의 느낌이 더 강하게 시선을 집중시킨다.

선은 여러 가지 방법에 의해서 만들어 질 수 있으므로 그 재료와 방법에 따라 선의 성격이 결정된다. 칼이나 가위로 자른 선은 날카롭고 정교한 느낌을 주지만 손으로 찢은 듯한 표현의 선은 둔탁하고 자연스러우며 부드러운 느낌을 준다. 이렇게 다양한 도구에 의해 만들어진 선의 성격에 대한 검토를 통해 선의 표현적 가능성을 예측할 수 있다.

그림 1-33. 선의 조형적 표현

그림 1-34.
무한한 선의 표현방법과 재료

그림 1-35. 선을 이용한 아트 메이크업

그림 1-36. 선을 이용한 바디 메이크업

선이 모여 면으로써 표현될 때는 면의 크기에 따라 돌출면의 크기에 따라 돌출과 진퇴의 느낌, 입체적인 느낌이 표현될 수 있으며 면이 더 클 경우에는 진출의 느낌이고 면의 면적이 적을 경우에는 후퇴의 느낌이 강하다. 면이 주는 표현효과는 평면과 곡면의 종류에 따라 다르게 나타난다. 그 표현효과는 면을 구성하는 직선, 곡선 각각의 성격을 나타내면서 또는 형태의 방향성에 의해 종합적으로 나타난다.

그림 1-37. 면의 조형적 표현
좌 : 입체도형의 조형적 배열
우 : 피트 몬드리안 *Pit Mondrian*, 1872~1994

그림 1-38. 면을 이용한 아트 메이크업

그림 1-39. 면의 규칙적 배열을 인체의 복곡면에 응용한 바디 메이크업

조형적인 작품표현에 있어서는 점, 선, 면이 유기적인 작용을 하고 있다고 볼 수 있다. 조형 디자인에 있어서 형체와 색채의 가치는 질적으로 일치해야 한다. 다시 말해서 형과 색의 표현은 상호작용하여 조화되어야 한다. 이러한 조형적 표현에 있어서 색의 구성, 조화 및 질감의 표현은 새롭고 차별화된 디자인의 실현을 가능하게 해주며 보다 완성된 예술적 표현을 이룰 수 있다.

색은 메이크업을 표현하는데 있어 중요한 역할을 하는데 색의 이미지와 상징이 디자인과 조화를 이루도록 해야 한다. 색채에는 특성에 있어 우리는 색채를 보고 많은 것을 느끼게 되는데 이러한 특성을 지니고 있는 색의 조화나 대비는 색의 사용에서 중요한 부분이다. 따라서 색이 가지고 있는 고유의 상징 성격을 잘 참조하면서 조화나 변화를 통해 예술적 표현을 이루고 고감각적인 이미지 전달을 할 수 있다.

그림 1-40.
점, 선, 면, 색의
조형 요소를 이용한
아트 메이크업

질감은 점, 선, 면, 색채와 더불어 디자인에 있어 아주 중요한 요소이다. 점, 선, 색채에 각각의 특성이 있듯이, 질감도 우리의 감각기관 중 촉각으로 느낄 수 있는 독특한 특성이 있다.

질감은 시각적 질감과 촉각적 질감의 두 가지 영역으로 구분되는데 시각적 질감은 우리에게 익숙한 색과 명도, 패턴의 질감을 만들어 냄으로써 실제로 존재하지 않는 평면적인 질감을 만들 수 있다. 따라서 이러한 특성을 가진 질감은 어떤 대상물을 직접 대하지 않을 경우에도 우리의 기억 속에서 감각적인 반응이나 촉각적인 반응을 불러일으킬 수 있도록 해주므로 질감에 대한 충분한 이해는 아트 메이크업의 표현에 있어 중요한 요소이다. 아트 메이크업에서의 질감 표현은 사용되어지는 재료 및 오브제의 특성에 의해 좌우된다.

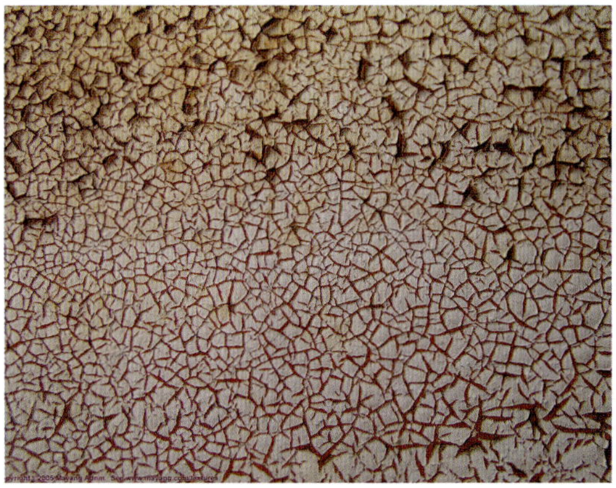

그림 1-41. 시각적 질감의 표현

그림 1-42.
시각적 질감 효과를 이용한 아트 메이크업

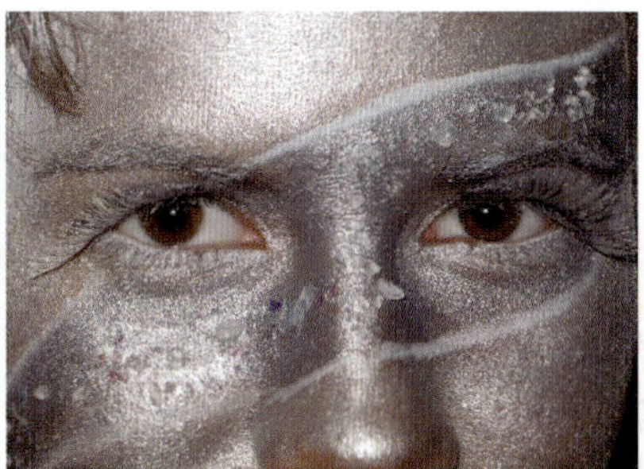

3) 아트 & 캐릭터 메이크업 디자인의 이미지 평가

메이크업 디자인은 인체를 대상으로 이루어지기 때문에 절대적 미의 가치 추구 뿐아니라 실제적 적용 및 기능적 측면을 고려해야 한다. 따라서 인체를 대상으로 하는 메이크업은 디자인의 계획단계가 중요할 수 있으므로 합리적인 디자인 과정 및 일러스트, 모의 시뮬레이션을 통해 메이크업 디자인의 시각화가 이루어져야 한다.

실제 아트 & 캐릭터 메이크업 디자인은 표현요소인 점, 선, 면의 조형적 요인, 질감, 색채를 이용하여 디자인의 요소인 조화, 균형, 통일, 강조, 리듬 등을 조합함으로써 창조적인 메이크업 디자인을 연출할 수 있다. 따라서 합리적 디자인의 발상, 계획, 검토, 발표의 단계를 통하여 보다 완벽한 디자인을 추구할 수 있으며 디자인의 과정에서 이미지의 시각화 및 평가는 디자인을 최종 검토하고 보완하는 매우 중요한 단계이다. 따라서 최종 시각화된 디자인의 평가는 메이크업 디자인의 미적 가치와 완성도를 높이는 방법이라 할 수 있다.

3 아트 & 캐릭터 메이크업 디자인 적용

1) 아트 & 캐릭터 메이크업 적용 및 순서

아트 & 캐릭터 메이크업은 인체에 적용되는 작업으로 인체의 사용 부위를 대상으로 하여 그 적용을 살펴보면 캐릭터 메이크업은 주로 얼굴 중심의 표현과 헤어스타일링, 의상, 악세사리, 토탈 코디네이션을 통해 완성된다.

반면 아트 메이크업의 하나인 환타지 메이크업은 얼굴과 상반신 위주로 메이크업이 적용되며 이 때 상반신은 주로 데꼴테 *decolleter*에 표현한다. 환타지 메이크업의 완성은 캐릭터 메이크업과 동일하게 토탈 코디네이션을 통해 연출되며 다양한 오브제를 적절히 이용하면 예술적 표현효과를 극대화 할 수 있다.

바디페인팅은 신체 전체에 적용되며 오랜 작업시간이 요구되므로 정확한 스케쥴 관리 및 효율적인 작업환경이 요구된다.

아트 & 캐릭터 메이크업 유형 중 표현면적이 가장 넓어 시각적 전달력이 가장 뛰어나므로 예술적 가치가 높은 메이크업이라 할 수 있다. 따라서 아트 & 캐릭터 메이크업은 인체의 적용면적에 따라 다음 그림과 같이 분류될 수 있다.

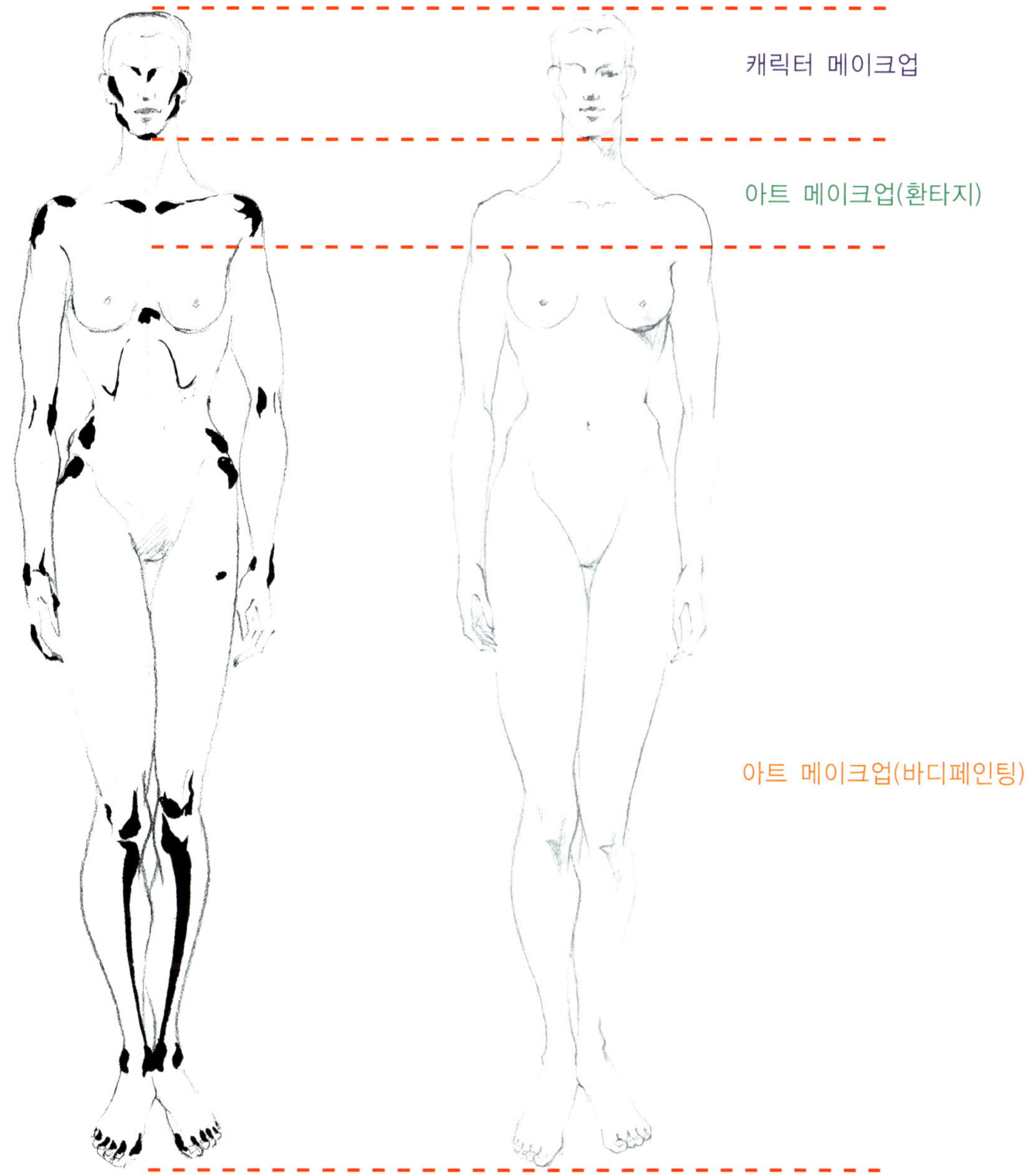

그림 1-43. 아트 & 캐릭터 메이크업 유형별 신체 적용 부위

아트 & 캐릭터 메이크업의 실제적 적용 순서는 다음과 같다.

아트 & 캐릭터 메이크업은 적용분야 및 활용목적에 따라 메이크업 디자인이 적용되므로 먼저 아이디어 발상을 통해 컨셉을 정하고 무대, 영상, 쇼 등에 적절한 표현계획을 수립하는 것이 중요하다. 이러한 과정에서는 메이크업을 의뢰한 클라이언트*Client*나 연출자 뿐 아니라 작업에 관련된 조명, 촬영 등의 연계분야 코워커*coworker*들과 충분한 회의를 거쳐 메이크업 디자인을 완성하도록 한다. 메이크업 컨셉이 정해진 후 적용대상의 인체 골격 및 형태를 파악하고 메이크업 디자인을 인체에 적용하여 극대화 시킬 수 있도록 기획한다. 다음으로 실제 메이크업 디자인의 일러스트, 가상 시뮬레이션 등을 통해 이미지를 시각화한다. 이러한 작업은 디자인의 오류를 최소화 할 수 있는 가장 중요한 단계이다.

아트 & 캐릭터 메이크업의 재료는 그 종류가 매우 다양하며 종류에 따른 표현효과가 각각 다르므로 실제 적용에 효과적인 재료 및 도구의 선별은 메이크업 표현 테크닉에 중요한 기본이다. 따라서 다양한 재료 및 도구의 종류에 따른 효과를 파악해야 한다. 실제 메이크업 적용은 피부상태에 따른 기초 손질 후 기본 베이스와 파운데이션을 적용한다.

아트 메이크업의 경우 밑그림을 통해 인체 위에 전체적인 윤곽을 그려준다. 다음으로 메이크업 색채 적용을 통해 디자인을 완성한다. 메이크업의 색채적용 중 가장 중요한 테크닉은 섬세하고 세밀한 표현으로 표현 완성도를 높이려면 조화로운 색채적용 뿐 아니라 그라데이션 효과를 잘 활용하는 것이 중요하다. 또한 효과적인 표현을 위하여 질감을 살려줄 수 있는 글리터, 펄파우더를 사용할 수 있으며 다양한 오브제는 메이크업 이미지를 부각시킬 수 있다.

마지막으로 메이크업 디자인에 어울리는 헤어스타일링, 의상, 토탈코디네이션을 통해 작품 이미지를 완성시킨다.

1. 아이디어의 발상;
특별한 감동

2. 조형의 요소 및 원리;
얼굴 위에 창조되는 세계

3. 이미지의 시각화;
정확한 시안 = 리허설

4. 메이크업의 재료와 사용법;
가변적 속성(메이크업재료의 매력)

5. 기본; 베이스와 파운데이션
-그라데이션

6. 빛과 색채 그리고 질감
아이섀도

7. 섬세하고 세밀한 표현;
라이닝 컬러

8. 자유로운 선택;
오브제를 이용한 조형개념

9. 메이크업 아티스트의 테크닉 활용

그림 1-44. 아트 & 캐릭터 메이크업의 실제적 적용 순서

2) 아트 & 캐릭터 메이크업 제품 및 도구

(1) 아트&캐릭터 메이크업의 제품

아쿠아컬러

수성타입의 컬러 제품으로 물에 개어서 사용하며 유성타입의 제품보다 그라데이션의 표현이 용이하며 빠른 시간에 마르고 메이크업을 지우기가 용이하여 아트 메이크업에서 가장 보편적으로 사용되고 있다.

최근 다양한 색상 뿐 아니라 형광색의 제품도 개발되어 다양한 색채의 표현이 가능하지만 유성타입의 제품에 비해 발색이 뛰어나지 못하다. 그러나 제품의 보관이 손쉽고 제품의 보관이 손쉽고 경제적으로 사용할 수 있다.

아쿠아크림

수성타입의 제품이지만 그 특성이 크림형태로 되어 있어 사용 시 물을 섞어 사용하지 않아도 되며 발색이 뛰어나고 작업이 간편하다. 제품의 특징은 색상을 사용할 때의 발색과 마른 후의 색상 변화가 적어 색의 정확한 표현이 가능하며 색의 선명도가 오래 지속되어 효과적으로 사용될 수 있다.

아쿠아렐

수성타입의 액체 형태로서 제품을 충분히 흔들어 준 뒤 사용하며 물에 섞을 필요 없어 사용이 간편하다. 주로 라인이나 점 등의 액센트나 섬세한 부분을 묘사할 때 사용한다.

유성물감

오일타입의 제품으로 보통 슈프라 컬러 혹은 그리스 페인트라고도 하며 발색력이 좋으나 쉽게 묻어나는 성질이 있어 메이크업의 지속성이 낮다. 작업 후에 파우더를 사용하여 지속성을 높일 수 있으나 파우더의 색상 선택에 주의하여야 한다.

촬영이나 공연이 끝난 후 메이크업 클렌저를 이용해야 하며 수성 물감에 비해 클렌징과정이 어렵다.

야광 물감

블랙라이트가 필요 없이 빛을 받은 후 불을 끄면 오랫동안 빛을 발하는 효과가 있다. 어두운 곳에서도 환하게 비추므로 밤의 행사나 공연시 후레쉬로 가끔 빛을 비춰주면 계속해서 밝은 빛을 발한다. 피부나 소품에는 영구적으로 야광의 효과가 나타난다.

리퀴드 바디 파운데이션

일반적으로 가장 많이 사용하는 파운데이션 타입으로 바디 메이크업에서는 바디 전체에 넓게 펴 바를 때 용이하며 스펀지를 이용하면 손쉽게 바를 수 있다. 바디의 전체 베이스 색상을 보정하고자 할 때 주로 사용된다.

루스 파우더

파운데이션의 유분기를 제거하는 데 사용한다. 투명한 색의 루스 파우더는 유성 물감이나 크림 파운데이션의 밀착력과 지속성을 높여 준다. 원색의 루스 파우더는 유성 물감이나 크림 파운데이션의 밀착력과 지속성을 높여주는 동시에 색을 더 선명하게 할 수 있다.

스프리트 검

일종의 접착제로서, 벌드 캡이나 수염을 피부에 부착하거나, 큐빅 등의 오브제를 피부에 부착할 때 사용한다.

스프리트 검 리무버

스프리트 검으로 부착한 것을 떼어낼 때와 피부에 남아 있는 스프리트 검을 제거할 때 쓰인다.

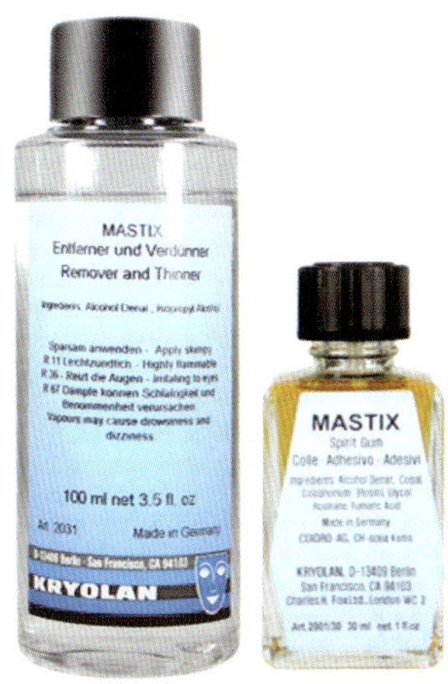

라텍스

액상의 천연물성을 가진 접착제이며 이 모든 것을 통칭하여 일반적인 제품명 라텍스라고 부른다. 인도네시아, 베트남 등 고무나무농장에서 추출한 생고무를 암모니아수 등에 용해한 흰색의 액체로 액상의 특유한 향을 제거하였으나 고유의 톡 쏘는 향이 남아있을 수 있으며 동상, 인조피부, 캡, 벌드캡, 인조손, 인조코, 마스크, 상처, 발모양, 노인분장 등을 만들 때 주로 사용하는 재료이며 일반적으로 가장 많이 사용하는 제품이다.

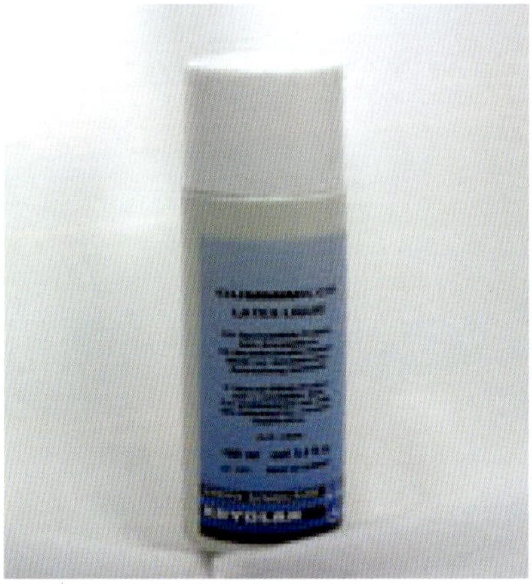

벌드 캡

재료는 라텍스이며, 대머리로 표현하기 위해 사용한다. 피부에 부착 시는 스프리트 검으로 붙이고, 떼어 낼 때는 스프리트 검 리무버를 사용한다. 피부에 부착된 부분을 자연스럽게 하기 위해서는 액체 라텍스를 벌드 캡과 피부의 이음새에 찍어 그라데이션하면 좋다.

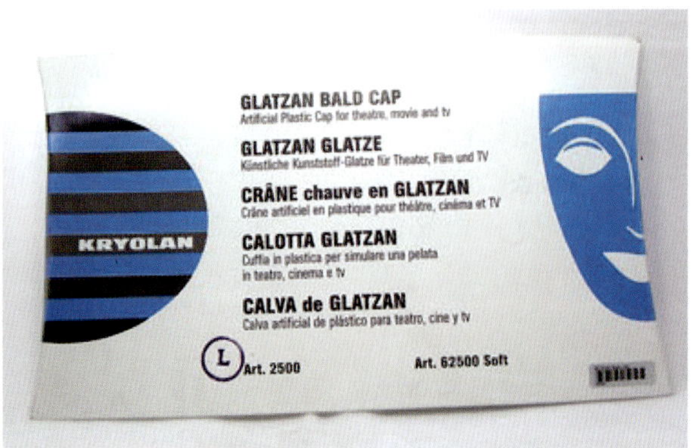

아이브로우 플라스틱

재료는 왁스로서, 눈썹을 가릴 때 사용한다. 아이브로우 플라스틱으로 눈썹을 가린 후는 실러를 발라야 파운데이션이 끈적이지 않고 매끈하게 발라질 수 있다.

수성 에어브러시 물감

에어브러시의 미세한 구멍을 통해 분사되는 물감이므로 사용 전 잘 흔들어서 사용하여야 하며, 매트한 질감 외에 펄이나 형광색도 있다.

에어브러시 스텐실

스텐실의 구멍을 통해 디자인이 표현되며, 에어브러시를 사용하면 디자인과 그라데이션이 선명하게 표현될 수 있다.

큐빅

펄과 같은 오브제로 다양한 색과 크기, 모양이 있다. 왁스나 속눈썹 접착제로 피부에 부착할 수 있다.

글리터

아트 메이크업에서 효과적이고 입체적인 표현을 가능하게 해 주는 제품으로 글리터의 반짝임을 이용하여 작품을 화려하게 표현할 수 있으며 제품의 형태에 따라 파우더 타입의 글리터와 젤 타입의 글리터로 나뉜다. 젤 타입의 글리터는 접착제를 별도로 사용하지 않아 편리하며 점, 선, 면 등 다양한 디자인을 연출할 수 있다. 파우더 타입의 글리터는 입자의 크기와 형태에 따라 다양한 종류가 있다.

다이아몬드 파우더

매우 미세하고 반짝이는 가루 재질로서, 글리터보다 더 섬세한 펄 표현이 가능하다. 다양한 색상들이 있으며, 수성이나 유성물감, 또는 섀도를 바른 위에 마지막 단계에서 사용하면 효과적이다.

클린징 오일

주로 유성 재질의 제품을 지울 때 사용한다.

아쿠아 데이 글로우 UV *aqua day glow UV*

UV 광선을 비추었을 때 색이 선명하게 보이는 수성 제품으로, 촬영시나 무대연출시 UV조명이 필요하다.

아쿠아 헤어 마스카라 *aqua hair mascara*

헤어의 부분적인 컬러 연출이 가능하다.

픽셔 스프레이 *fixer spray*

용기를 충분히 흔들어 페인팅한 인체 위에 뿌려 주면 얇은 막이 생겨 번짐과 색상의 변화를 방지해 준다.

피그먼트 *pigment*

안료 가루로서, 주로 선명한 색을 표현할 때 사용한다. 가루로도 사용할 수 있고, 표현하고자 하는 효과에 따라 수성이나 유성 액체를 섞어 농도를 조정하여 사용한다.

메탈 파우더 *metal powder*

금색, 은색, 동색 등 금속 색을 표현할 때 사용한다. 피그먼트처럼 가루로도 사용할 수 있고, 표현하고자 하는 효과에 따라 수성이나 유성 액체를 섞어 농도를 조정하여 사용한다.

바디 탠 *body tan*

일시적인 태닝 효과를 표현할 때 사용한다. 태닝 표현의 정도에 따라 색을 선택할 수 있다.

인조 피 *artificial blood*

피 흘리는 표현 시 사용한다. 액체 상태의 묽은 인조 피와 점성이 있는 인조 피, 마른 효과의 인조 피 등이 있다. 간단한 방법으로 인조피를 만들 수 있다. 붉은색 식용색소와 물엿을 적당량 섞고 소량의 뜨거운 물에 커피를 적당량 섞은 후 물엿에 넣고 끓인다. 이때 타거나 눌지 않도록 주의해야 하며 거품이 많이 나면 불의 세기를 약하게 하고 어느정도 섞이게 되면 피를 식힌 후 거품을 걷어 낸다. 끓이는 도중 화장지로 색깔과 점도를 확인한 후 색소와 커피를 첨가하여 완성한다.

땀 효과 젤 *sweat effect gel*

땀이 맺혀 있는 것처럼 표현할 때 사용한다.

투스 에나멜 *tooth enamel*

치아가 썩거나 니코틴이 착색되어 지저분해 보이는 효과를 연출할 때 사용한다.

흰색 펜슬

인체에 작품을 표현하기위한 기초 스케치를 위해 필요한 것으로 채색단계를 위해 흰색 펜슬을 이용하며 정확한 드로잉을 위해 너무 무르지 않은 것을 선택하여 사용한다.

특수 보철물

특수 분장에 쓰이는 특수 효과나 특수 보철물을 이용하면 고정관념에서 벗어나 새로운 전위적인 표현, 미래지향적, 초현실적인 표현이 시도될 수 있다.

(2) 아트&캐릭터 메이크업의 도구

브러시

아트 메이크업에 사용되는 브러시는 페인팅물감을 이용하여 인체에 다양한 표현을 하는 도구로서 면을 칠하는 용도의 납작한 브러시와 끝이 둥근 브러시, 세밀한 곳을 칠하기 위한 끝이 뾰족한 브러시 등으로 그 형태와 크기가 다양하며 사용 면적과 표현 효과에 따라 브러시를 적절하게 선택하여 사용한다.

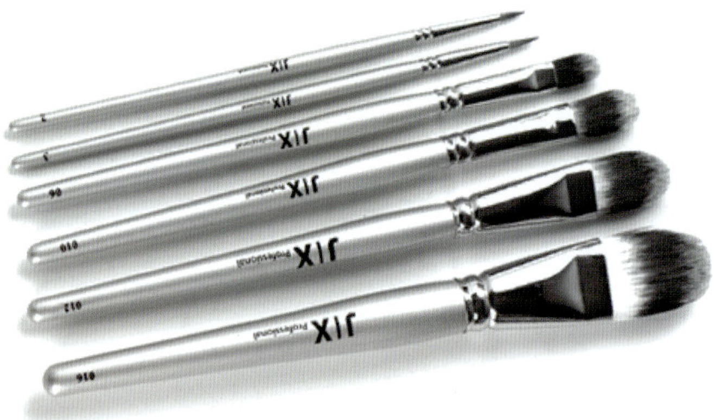

스펀지

스펀지의 종류는 스펀지의 크기와 모양, 재질, 표현 효과에 따라 다양하게 구분되며 사용되는 제품과 용도에 따라 여러 용도의 스펀지를 적절하게 선택하여 사용하도록 한다. 뷰티 메이크업용으로도 사용 가능하며, 바디페인팅에 사용할 때에는 그라데이션하기 편리하나 섬세한 표현은 어려운 단점이 있다. 수염 분장용의 스펀지는 불규칙한 점 표현이 가능하다.

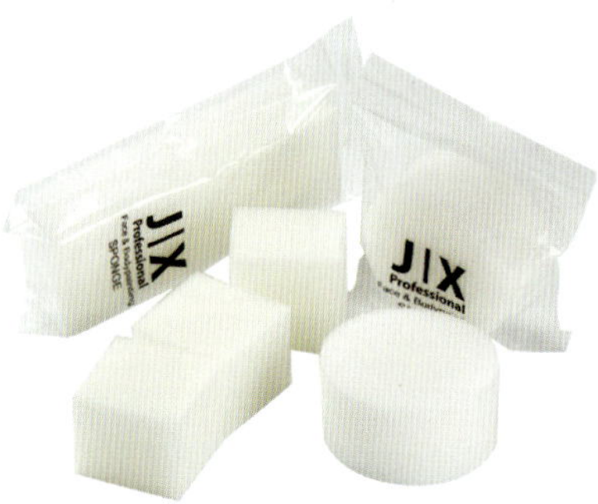

물통

아트 메이크업의 표현에 있어서 아쿠아 물감을 사용할 경우 브러시를 세척하기 위해 사용되며 표현의 재질이 유성물감일 경우 브러시 클린저를 이용하여 세척하도록 한다. 디자인에 적합한 색을 정확하게 표현하기 위해서는 브러시의 세척이 가장 중요하다고 볼 수 있으므로 물이나 브러시 클린저를 자주 갈아주어 청결하게 사용하도록 한다.

팔레트

아트 메이크업의 컬러 제품을 혼합하거나 보관할 때 사용하면 편리하며 팔레트를 사용하면 물감의 농도를 용이하게 조절할 수 있다.

기타

인체를 이용하는 예술적인 표현인 아트 메이크업에 있어서 브라캡과 팬티는 모델의 주요 부분을 커버하기 위해 사용하며, 인체와 비슷한 컬러의 제품을 이용하면 표현의 제한을 줄일 수 있다.

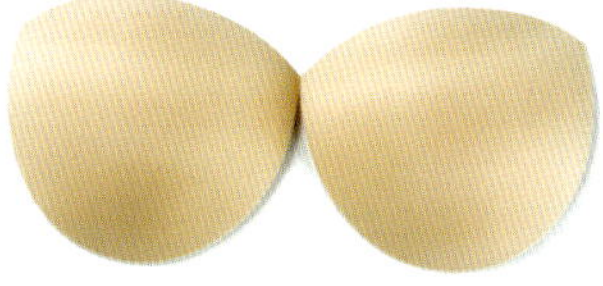

(3) 에어 브러시

A. 에어 브러시의 효과

에어브러시는 풍부하고 자유로운 색상 효과, 표면처리의 신속함, 정교하고 세밀한 표현, 음영과 입체적 효과의 표현이 가능하다.

B. 에어브러시의 주요 구조와 원리

에어브러시의 주요 구조는 노즐 *Nozzle*, 니들 *Needle*, 에어 벨브 *Air valve*, 조절레버 *Finger Lever*, 바디 *Body* 등으로 나눌 수 있다.

에어브러시는 압축된 공기를 이용하여 저장된 제품을 공기의 분출하려는 힘으로 물감을 밀어내며, 정밀한 부품으로 구성되어 있어 관리하는데 세심한 주의가 필요하다.

C. 에어브러시의 선택과 종류

사용자의 취향과 디자인에 따라 다음과 같은 스프레이 브러시의 종류를 선택하여 사용한다.

① 스프레이 브러시의 종류

❶ 에어브러시의 제품공급방식에 따른 분류

컵 타입 *cup type*과 버틀 타입 *bottom bottle type*으로 나눌 수 있다.

가. 컵 타입 *cup type*은 스프레이 브러시에 컵이 부착되어 중력을 이용해서 물감을 공급한다. 물감의 양을 적게 사용하는 디자인 표현에 이용한다.

나. 버틀 타입 *bottom bottle type*은 스프레이 브러시 흡입관을 통하여 물감을 공급한다. 물감 사용량이 많을 경우에 사용한다.

❷ 에어브러시의 분사방식에 따른 분류

싱글 액션 *single action*과 더블 액션 *double action*으로 나눌 수 있다.

가. 싱글 액션 *single action* - 메인 레버 *main lever*가 고정되어 있어 콤프레셔가 가동되면 항상 공기가 분출되며 레버를 당기면 물감이 분사된다.

나. 더블 액션 *double action* - 한 개의 조절레버로 공기압과 물감의 분사량을 모두 조절할 수 있다. 레버에 손을 대지 않은 상태에서는 공기압과 제품 모두 분사되지 않으며 레버를 누르면 공기가, 뒤로 당기면 물감이 분사된다.

② 콤프레셔의 종류

❶ 오일 *oil* 방식

소음은 매우 적으나 정교한 그림에 사용할 경우 약간의 오일이 물감에 섞여 나오는 경우가 있어 작품에 손상을 초래할 수 있다.

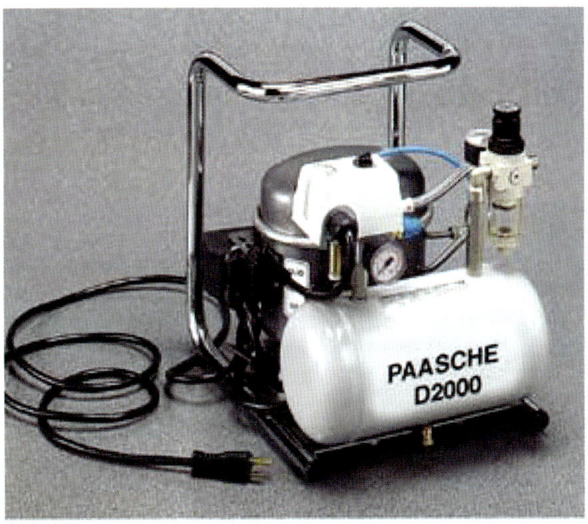

❷ 무오일 *oil-less* 방식

이 방식은 특별히 관리하는데 신경을 쓰지 않아도 되고, 스프레이 브러시를 사용할 경우 오일이 제품과 같이 섞여 나오는 경우가 전혀 없어 가장 많이 사용된다. 단점은 소음이 약간 있다.

③ 마스터 *master* 방식

뷰티 전용 콤프레셔로 기존의 마스터 형식의 불편함을 줄여, 소음을 최소화 하였으며, 내부에 압력조절장치가 부착되어 있다. 단점은 더블액션 스프레이 브러시를 사용하지 못한다.

D. 에어브러시 사용 시 유의사항

1. 제품의 농도 - 제품에 따라 농도가 다르기 때문에 적당한 희석 농도는 사용자의 경험에 따라 충분히 검토 후 사용해야 한다. 에어브러시 전용 물감은 성분에 따라 차이가 있으므로 가능한 희석하여 사용하는 물감보다는 완제품을 사용하는 것이 좋다.
2. 에어브러시 전용 클리너 사용 - 각 물감의 특성에 맞는 세척 용제를 사용하는 것이 좋다.
3. 거친 표면 - 반 건조 현상 때문이므로, 충분히 건조하는 시간을 두고 작업하는 것이 좋다.
4. 노즐의 막힘 현상 - 물감입자들이 노즐 주위에서 건조되면서 노즐을 막아버려 발생하므로, 작업 중에는 클리너에 노즐 부분을 담가두는 것이 좋다.
5. 불규칙적인 표면 - 분사의량과 두께가 일정하게 되지 않았기 때문이다.
6. 에어브러시의 청소 - 컵과 노즐 주위의 남아 있는 물감을 깨끗이 청소해야 다음 작업을 할 수 있다.
7. 전혀 나오지 않는 경우 - 니들 *needle*과 노즐 *nozzle*이 훼손되어 있는지 확인하고, 훼손된 경우는 교환하여야 한다.
8. 노즐의 청소 - 스프레이건 *spray-gun*의 가장 중요한 부분으로서 노즐은 항상 충격에 주의 하여야 한다.
9. 노즐은 매우 정교한 구조로 제조 되어 있는데 노즐의 홀이 약간의 충격에 변형이 오면 제품이 제대로 분사 되지 않으며 분사되더라도 어느 한쪽 방향으로만 분사되는 경우가 있어 정밀한 작업이 어렵게 될 수 있다.
10. 니들 청소 - 니들은 스프레이건을 사용 한 후 항상 노즐과 함께 깨끗하게 청소해야 한다.
11. 컬러 컵 *color Cup* 청소 - 물감 컬러를 교체할 때 마다 청소해야 하며, 작업 종료 후는 철저히 청소해야 한다.

II

캐릭터 메이크업 실기

1. 무대 메이크업
2. 글리터링 메이크업
3. 발레리나 메이크업
4. 인형 메이크업
5. 삐에로 메이크업
6. 가부키 메이크업
7. 경극 메이크업
8. 할로윈 메이크업
9. 뱀파이어 메이크업

1 무대 메이크업

무대 여자 메이크업

1) 작품의 개요

무대 메이크업은 배우의 극중 인물 분석을 바탕으로 관객의 극에 대한 몰입을 높여주기 위하여 하는 것으로 메이크업을 통하여 무대와 관객과의 거리를 좁혀 배우의 표정을 쉽게 인지할 수 있도록 하는 메이크업이다.

2) 재료 및 도구

① 기본재료 : 메이크업 베이스, 파운데이션, 파우더, 에보니 펜슬, 섀도, 아이라이너, 아이펜슬, 마스카라, 블러셔, 립밤

② 도구 : 브러시, 아이래시 컬러, 인조 속눈썹, 속눈썹 접착제

3) 메이크업 과정

피부표현

① 파운데이션을 바르기 전에 프라이머나 메이크업 베이스를 사용해 피부의 결을 정리한다.
② 붉은 톤의 파운데이션을 이용하여 배우의 베이스 톤과 동일한 톤으로 바른다.
③ T존은 기본 베이스 톤보다 밝게, U존은 어둡게 발라주어 얼굴을 입체적으로 표현한다.
④ 라이닝컬러를 이용하여 얼굴의 외곽선, 콧대, 콧 망울, 인중 등을 그린다(무대와 관객과의 거리에 따라 음영 조정).
⑤ 콧대의 하이라이트 간격은 1cm보다 넓어지지 않도록 유지하며 코끝을 향하여 일직선으로 뻗어나가도록 그린다.
⑥ 적당량의 파우더로 마무리한다.

아이메이크업

① 과장된 눈매를 표현하기 위하여 아이 홀 기법을 사용한다.
② 아이 홀 라인은 검정색 펜슬 또는 섀도를 이용하여 모양을 잡고 눈 밑 라인은 눈에서 2mm 정도 떨어져 일정한 간격을 유지하며 그린다.
③ 섀도의 색상은 배우의 캐릭터에 맞게 선택하며 눈초리에 포인트를 두어 자연스럽게 안쪽과 바깥쪽으로 그라데이션 한다.
④ 언더라인도 같은 색상으로 바른다.

⑤ 검은색으로 그린 아이 홀을 강조하기 위하여 아이 홀 안쪽에 흰색 섀도를 덧칠한다.
⑥ 아이라인은 상향으로 길게 그린다.
⑦ 속눈썹을 붙이기 전에 반드시 아이래시 컬러로 속눈썹의 컬링을 확인하고 인조 속눈썹을 붙인다.
⑧ 마지막으로 젤 또는 리퀴드 아이라인으로 눈매를 한 번 더 강조하고 마스카라로 마무리 한다.

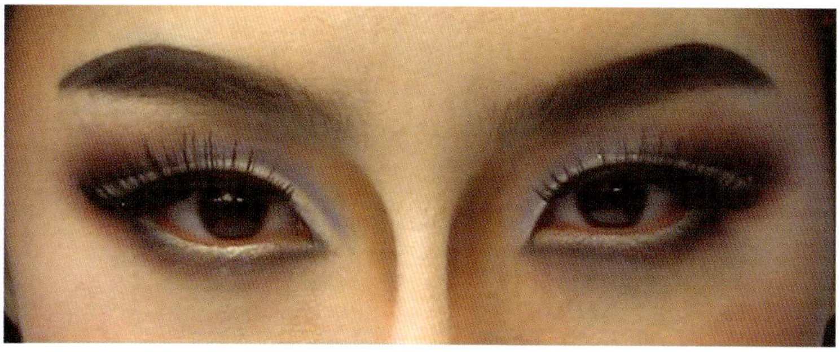

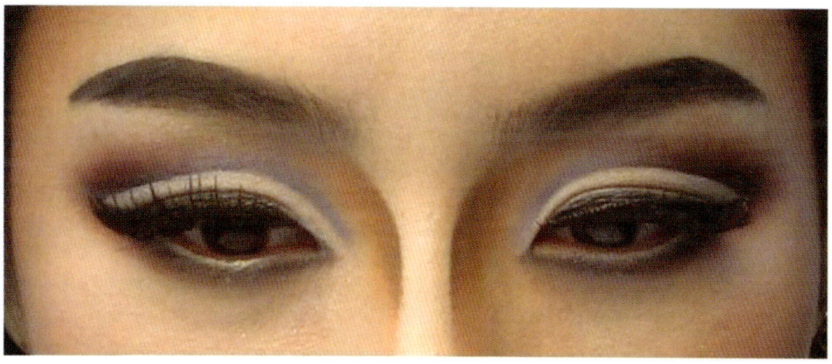

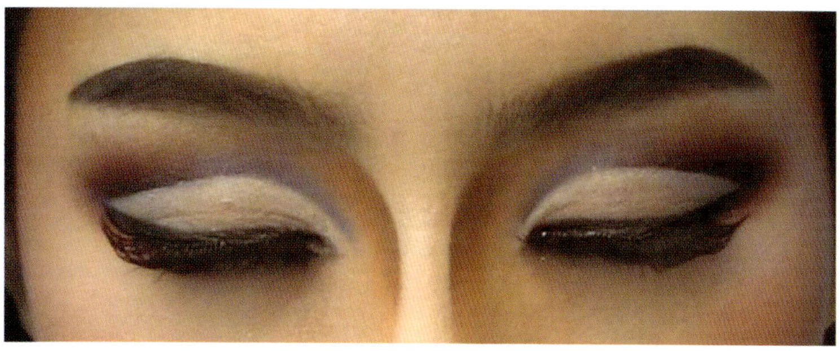

아이브로우

① 검정색 유성펜슬을 이용하여 모양을 그린 후 브러시를 이용하여 눈썹을 매끄럽게 펴 바른다.
② 펜슬만으로 눈썹을 그릴 경우 거칠게 표현될 수 있으므로 반드시 브러시로 마무리한다.
③ 눈썹의 앞머리는 브라운 색상의 섀도를 덧발라주어 검은 색을 약하게 조절한다.
④ 무대의 크기에 따라 눈썹의 농담을 조절하며 눈썹의 모양은 캐릭터의 성격에 따라 달라질 수 있다.

립 메이크업

① 입술을 바르기 전에 립 라인 주변을 밝은 색 파운데이션으로 덧칠 한 후 립 메이크업을 하면 립을 돋보이게 하는 효과가 있다.
② 입술은 난색 계열에서 캐릭터의 성격에 따라 선택적으로 사용하며 짙은 색으로 강하고 또렷하게 그린다.

블러셔

① 일반적인 블러셔의 색상보다 짙은 색의 블러셔를 선택한다.
② 일반적으로 사용하는 블러셔에 브라운 톤을 섞어서 톤다운 *tone down* 시키거나 블러셔와 같은 색의 섀도를 섞어 강하게 바르기도 한다.
③ 캐릭터의 성격에 따라서 블러셔의 모양을 결정한다.
④ 크림타입의 블러셔를 바르면 지속력을 높일 수 있다.

4) 토탈 코디네이션(완성)

무대 남자 메이크업

1) 작품의 개요

영상분야를 제외한 무대 위나 거리에서 이뤄지는 공연에 등장하는 배우들의 극중 인물 분석을 바탕으로 관객의 극에 대한 몰입도를 높여 주기 위한 것으로 반드시 작품의 캐릭터 분석이 선행되어야 하며 관객과의 거리, 조명, 공연시간 등을 고려하여 메이크업의 강도를 조절해야 한다.

2) 재료 및 도구

① 재료 : 메이크업 베이스, 파운데이션, 파우더, 에보니 펜슬, 아이섀도, 아이라이너, 아이펜슬, 마스카라, 블러셔, 립, 라이닝 컬러

② 도구 : 브러시, 아이래시 컬러

3) 메이크업 과정

피부표현

① 붉은 톤의 파운데이션을 이용하여 배우의 피부톤과 동일한 톤으로 기본 베이스를 발라준다.
② T존 부위는 기본베이스와 톤 차이가 많이 나지 않는 색상으로 하이라이트를 표현하고 U존 부위는 남성의 강한 혈색 표현을 위해 붉은색 라이닝 컬러를 사용하여 펴 바른다. 필요한 경우 양턱 아래 부분에 섀도 처리를 하여 얼굴 윤곽의 변화를 준다.
③ 콧대 표현은 양 미간 사이에서 코볼 까지 Y자형으로 양 눈썹산에 연결하듯 그려주며 코의 길이와 배역의 성격에 맞게 늘리거나 좁혀 변형 한 후 얇게 파우더 처리한다.

아이메이크업

① 여자보다 약간 직선 형태로 라인을 그려주며 아이라인 끝 부분을 약간 길게 그려 전체적으로 눈을 확대하여 표현한다.
② 언더라인도 강조되도록 그려준다.

아이브로우

① 검정색과 갈색 라이닝 컬러를 혼합하여 적당량을 붓에 묻혀 배역의 특성에 맞는 눈썹을 심는 듯한 느낌으로 그려준다.
② 붓에 묻힌 라이닝 컬러의 양을 적절히 조절하여 뭉개지거나 두꺼워지지 않도록 주의한다.

립메이크업

① 짙은 갈색이나 배우의 립 컬러에 맞는 색상의 펜슬을 이용하여 입술 빈 곳을 채워주듯 그려준다.
② 립 밤으로 건조해 보이지 않도록 표현한다. 이 때 립이 번들거리지 않도록 유분기를 적절히 조절한다.

4) 토탈 코디네이션(완성)

2 글리터링 메이크업

glittering makeup

1) 작품의 개요

파티, 스포츠 댄스, 할로윈, 무대 등에 응용할 수 있는 메이크업으로 다양한 입자크기와 색상의 글리터를 이용하며 아이 메이크업에 포인트를 준다.

표현 방법에 따라 그윽한 눈매와 여성스러운 이미지, 강렬한 이미지를 나타낼 수 있다.

2) 재료 및 도구

① 재료 : 메이크업 베이스, 파운데이션, 파우더, 에보니 펜슬, 아이섀도, 아이라이너, 아이펜슬, 마스카라, 블러셔, 립글로스, 펄 파우더, 글리터

② 도구 : 브러시, 아이래시 컬러, 인조속눈썹, 속눈썹 접착제

3) 메이크업 과정

피부표현

① 매끈하고 윤기 있는 피부표현을 위해 펄 감이 함유된 베이스를 사용하여 모델의 피부톤에 맞춰 꼼꼼하게 얼굴 전체에 펴 바른 후 소량의 파우더로 마무리 한다.
② T존 부위에 펄 파우더를 사용하여 하이라이트를 표현한다.
③ 모델의 얼굴형에 맞도록 턱과 이마에 섀딩 처리하여 윤곽을 수정한다.

아이메이크업

① 화이트 색상의 펄 파우더를 이용하여 눈두덩이 전체에 펴 바른 후 아이스블루 색상의 아이섀도로 아이홀에 맞춰 그라데이션 한다.
② 다크 블루 색상의 아이섀도로 눈꼬리 부분에 포인트를 표현하고 블루색상의 글리터를 이용하여 눈꼬리 부분에서 눈 앞머리 방향으로 그라데이션 한다.
③ 아이홀 부위에 과장되게 아이라인을 그려준다.

아이브로우

① 모델의 얼굴형에 맞도록 그리되 인위적으로 보이지 않도록 자연스럽게 그려준다.
② 눈썹 꼬리 부분을 정확하게 그려 깨끗한 이미지를 나타내도록 한다.

립메이크업

① 눈을 강조한 메이크업으로 립은 자연스럽게 표현하기 위해 립 색상과 비슷한 계열의 색상으로 자연스럽게 립글로스와 섞어 바른다.

② 강한 인상을 내기 위해서는 진한 색의 립 컬러를 사용해도 무방하다.

블러셔

광대뼈에서부터 자연스러운 혈색이 나타나도록 진하지 않게 표현해 준다.

4) 토탈 코디네이션(완성)

3 발레리나 메이크업

1) 작품의 개요

발레는 서양에서 유래된 무용으로 여성의 아름다운 곡선미와 활기찬 움직임을 보여주는 무대예술이다. 여성의 우아한 모습을 화려하면서도 뚜렷하게 표현되도록 하며 아이 메이크업에 포인트를 주도록 한다.

2) 재료 및 도구

① 재료 : 메이크업 베이스, 파운데이션, 파우더, 에보니 펜슬, 아이섀도, 아이라이너, 아이펜슬, 마스카라, 블러셔, 립, 펄 파우더, 더마왁스, 실러

② 도구 : 브러시, 아이래시 컬러, 인조속눈썹, 속눈썹 접착제, 스파츌라

3) 메이크업 과정

피부표현

① 붉은 계열이 섞인 파운데이션을 사용하여 모델의 피부톤에 맞춰 베이스를 발라준다.
② T존 부위에 피부색보다 밝은 색상의 파운데이션을 이용하여 강하게 하이라이트를 표현한다.
③ 갸름한 얼굴형이 될 수 있도록 페이스 라인에 피부색 보다 어두운 색상으로 섀딩을 꼼꼼하게 표현한다.
④ 핑크색이나 붉은 색상의 파우더를 이용하여 보송보송한 피부상태를 만든다.

아이메이크업

① 화이트 펄 파우더를 아이홀까지 펴 바른 후 오렌지색 라이닝 컬러나 아이펜슬을 이용하여 열린 홀을 만들어 준 뒤 동일 색상 아이섀도로 홀의 위쪽으로 그라데이션 한다.
② 보라색 아이섀도로 아이홀의 눈꼬리 부분에 음영을 표현해 포인트를 주고 언더 아이라인도 일직선 느낌으로 옆으로 길게 그려준다.
③ 화이트 펄 파우더로 눈썹 뼈와 눈두덩이 위에 하이라이트를 표현하고 언더 아이라인 안쪽에도 펴 발라 눈이 커 보이도록 한다.
④ 눈꼬리가 살짝 올라가도록 아이라인을 그려준 후 인조 속눈썹을 붙여준다.

아이브로우

① 과장된 눈썹을 나타내기 위해 피부표현 전에 더마 왁스를 이용하여 눈썹 끝부분을 지워준다.
② 펜슬을 이용하여 눈썹의 각이 생기지 않도록 눈썹 앞머리를 약간 당겨 아치형으로 진하고 깨끗하게 그려준다.

립메이크업

붉은색 립 펜슬을 이용하여 둥글게 그려준 후 동일 색상 립 컬러로 깨끗하게 표현한다.

블러셔

크림타입의 블러셔를 이용하여 여성스럽게 곡선 형태로 광대뼈 부위에서 볼 앞쪽으로 그라데이션 한다.

4) 토탈 코디네이션(완성)

4 인형 메이크업

1) 작품의 개요

인형 메이크업은 부자연스럽고 인위적인 느낌을 강조한 메이크업으로 과장된 눈과 작은 입술, 어색한 시선처리 등을 통하여 인형과 같은 이미지를 연출하는데 중점을 둔 메이크업이다.

2) 재료 및 도구

① 기본재료 : 메이크업 베이스, 파운데이션, 파우더, 에보니펜슬, 섀도, 아이라이너, 아이펜슬, 마스카라, 블러셔, 립

② 도구 : 브러시, 아이래시 컬러, 인조 속눈썹, 속눈썹 접착제

3) 메이크업 과정

피부표현

① 피부의 질감은 자연스러운 광택이 있으며 완벽하게 잡티를 커버해야하므로 스틱형 유성파운데이션을 사용한다.
② 기본 베이스는 붉은 톤이 섞인 파운데이션을 이용하며 얼굴의 음영을 위하여 T 존은 밝은 색 파운데이션으로, U 존은 어두운 색 파운데이션으로 구분하여 바른다.
③ 광택의 유지를 위하여 소량의 파우더를 사용한다.

아이메이크업

① 눈을 감은 상태로 흰색 펜슬을 이용하여 눈을 디자인한다.
② 눈의 모양이나 눈동자의 위치가 대칭이 되도록 주의하며 눈 두덩이에 아쿠아 컬러를 이용하여 눈을 그린다.
③ 디자인한 눈의 바깥 부분에 브라운 컬러 섀도를 바르고 아이라인을 그린다.
④ 속눈썹은 길이가 길고 색상이 있는 것으로 사용하는 것이 좋으며 속눈썹이 완전히 고정될 때까지 모양을 유지시킨다.

아이브로우

눈의 가로 사이즈와 동일한 길이로 짧게 그려준다. 너무 트랜디하게 그리지 않으며 짧은 아치형으로 그려준다.

립 메이크업

색상은 붉은 색에서 자유롭게 선택하며 모양은 작고 아담하게 그려준다. 립 글로즈를 듬뿍 발라주어 반짝반짝 빛이 나 보이도록 한다.

블러셔

애플 존에 둥근 모양으로 발라주며 색상은 립 메이크업과 유사하거나 동일한 색상으로 선택한다.

4) 토탈 코디네이션(완성)

5 삐에로 메이크업

1) 작품의 개요

삐에로란 18C 이후, 프랑스에서 등장하였으며 관중들을 웃기는 익살꾼으로 어릿광대라고도 불렸다. 삐에로는 초기에는 갖가지 색의 용모로 등장하여 단순하고 서투르며 수줍어하는 감상적인 인물로 표현되었으나 요즘에 와서는 외부세계에 자신이 적응하지 못해 일어나는 희비적 상황을 묘사하는 모습으로 변화되었다.

삐에로 메이크업은 슬픔, 기쁨 등의 감정표현을 중점으로 하는 메이크업으로 과장되고 익살스럽게 표현한다.

2) 재료 및 도구

① 기본재료 : 메이크업 베이스, 파운데이션, 아이라이너, 크레용, 마스카라, 라이닝 컬러

② 도구 : 브러시

3) 메이크업 과정

피부표현

① 피부색을 바르기 전에 백색의 크레용을 이용하여 표정을 디자인한다.
② 색이 서로 섞이지 않도록 공간을 정확히 구분하여 드로잉 한다.
③ 백색의 스틱형 유성파운데이션 또는 라이닝 컬러를 이용하여 얼굴에 얼룩이 생기지 않도록 주의하며 고르게 펴 바른다.
④ 붉은 색이 칠해질 코와 입술은 백색의 파운데이션이 섞이지 않도록 한다.
⑤ 코는 붉은 색 파운데이션을 이용하여 모양이 좌우 대칭이 될 수 있도록 주의하며 그린다.

아이메이크업

① 젤 라이너를 이용하여 표정이 드러날 수 있도록 눈매를 처지게 그린다.
② 눈 중앙을 가로지르는 라인을 그려주어 봉제인형 같은 이미지를 연출한다.

아이브로우

① 베이스를 바르기 전에 아이브로우 플라스틱(더마왁스)을 이용하여 눈썹을 감춘다.
② 아이브로우 플라스틱(더마왁스) 위에 실러를 바른다.
③ 실러가 마를 때까지 기다렸다가 실러가 완전히 건조된 후 파운데이션을 바른다.
④ 눈썹은 검정색 유성라이너 또는 젤 라이너를 이용하여 원래의 눈썹 위치보다 아치형으로 높게 그려준다.

립 메이크업

① 입술은 빨간 라이닝 컬러를 이용하여 얼룩이 생기지 않도록 바른다.
② 검은색 라이닝 컬러를 이용하여 입술의 테두리를 그린다.
③ 원래의 입술 모양에서 크게 벗어나서 표정을 과장스럽게 표현한다.

블러셔

캐릭터에 따라서 블러셔는 생략이 될 수도 있으며 과장되게 연출될 수도 있다.

4) 토탈 코디네이션(완성)

6 가부키(구마도리) 메이크업

1) 작품의 개요

가부키는 16~17세기 일본의 에도시대에 시작된 민중극으로 가부키란 말은 '머리를 기울이며 맘대로 춤을 추기'란 의미를 가진 '가부쿠'(カブク, 傾く)란 단어에서 유래되었다.

'가부키'란 이상한 동작이나 복장을 말하며, 배우들의 독특한 분장은 구마도리[くまどり]가 정식 명칭이다.

2) 재료 및 도구

① 기본재료 : 메이크업 베이스, 파운데이션, 파우더, 에보니 펜슬, 섀도, 아이라이너, 아이펜슬, 마스카라, 블러셔, 립

② 도구 : 브러시, 아이래시 컬러, 인조 속눈썹, 속눈썹 접착제

3) 메이크업 과정

피부표현

① 파운데이션을 바르기 전에 프라이머 또는 메이크업 베이스를 사용해 피부의 결을 정리한다.

② 백색의 스틱형 유성파운데이션을 이용하여 얼굴에 얼룩이 생기지 않도록 주의하며 고르게 펴 바른다.

③ 백색의 파운데이션은 시간이 지남에 따라 피부의 색이 겉으로 드러나기 때문에 백색의 파우더를 바른 후 백색의 섀도를 한 번 더 칠한다.

④ 파우더를 바를 때에는 퍼프에 골고루 분포시킨 후 얇게 여러 번 덧발라 주는 것이 좋다. 백색이라도 한꺼번에 많은 양의 파우더를 바르는 경우 얼룩이 생길 수 있다.

⑤ 유성파운데이션의 유분이 너무 많을 경우 섀도를 바를 때 브러시의 자국이 남을 수 있으므로 주의하여 바른다.

아이메이크업

① 붉은 색 섀도를 이용하여 눈 두덩이에 약하게 펴 바른다.

② 섀도 색이 너무 강하지 않도록 주의하며 눈 주변에 붉은 기운이 느껴질 정도로 가볍게 바른다.

③ 젤 아이라이너를 이용하여 속눈썹 사이를 매우듯이 바른다.

④ 붉은 색 섀도를 이용하여 눈초리에 포인트를 준다.

아이브로우

① 눈썹의 모양은 초승달(초생달) 모양으로 눈썹의 산이 중앙에 위치하도록 그린다.
② 눈썹은 가늘고 약하게 그리며 길이가 눈보다 길지 않게 그린다.
③ 눈두덩이가 넓어 보이도록 눈썹을 위로 치우치게 그린다.
④ 스크류 브러시를 이용하여 눈썹의 결을 정리한다.

립 메이크업

입술은 붉은 색 립스틱을 이용하여 인커브*in-couve*로 그려준다. 입술의 모양은 펭귄 입술처럼 원래의 크기보다 작게 그린다.

블러셔

블러셔는 따로 하지 않으며 귀밑머리를 검정색 유성펜슬을 이용하여 머리카락처럼 그린다. 원래의 머리카락과 잘 어우러지도록 머릿속에서부터 연결하여 그린다.

4) 토탈 코디네이션(완성)

7 경극(연지화장) 메이크업

1) 작품의 개요

경극은 중국의 대표적인 전통 연극으로 경극의 분장방법은 가면을 쓰는 방법과 얼굴에 칠을 하는 방법이 있다.

경극 메이크업은 배우의 역할에 따라 색과 선을 다르게 그리며 생(生), 단(旦), 정(淨), 축(丑) 등의 등장인물이 있다. 단(旦)은 여자역으로 원래는 남자가 여장을 했으나 지금은 여자가 역할을 맡는다.

단각분장은 얼굴을 그리지 않고 요염한 이미지를 강조한다. 특히 머리를 당겨 묶어 눈초리를 상향으로 끌어올리는데 이렇게 상향으로 치솟은 눈매를 '봉황 눈'이라 하며 중국인이 최고로 극찬하는 눈매이다.

2) 재료 및 도구

① 기본재료 : 메이크업 베이스, 파운데이션, 섀도, 아이라이너, 마스카라, 립, 라이닝 컬러

② 도구 : 브러시, 아이래시 컬러, 인조 속눈썹, 속눈썹 접착제

3) 메이크업 과정

피부표현

① 피부색을 바르기 전에 백색과 붉은 색의 범위를 확인한 후 서로의 색이 겹치지 않도록 주의해서 바른다.
② 백색의 스틱형 유성파운데이션을 이용하여 얼굴에 얼룩이 생기지 않도록 주의하며 눈 주변을 제외한 부위에 고르게 펴 바른다.
③ 백색의 파운데이션은 시간이 지남에 따라 피부의 색이 겉으로 드러나기 때문에 파운데이션 위에 백색의 파우더를 바른 후 백색의 섀도를 한 번 더 칠하면 좋다.

아이메이크업

① 붉은 색의 유성라이너 또는 유성파운데이션을 이용하여 눈 주위를 발라준다.
② 붉은 색을 눈 밑으로 그라데이션 하면서 피부의 흰색과 자연스럽게 연결되도록 펴 바른다.
③ 눈썹 *eye brow*의 바로 밑에 붉은 색이 보이도록 눈썹과 가깝게 발라주며 좌우 대칭이 되도록 주의하면서 바른다.
④ 아이라인은 젤 라이너를 이용하여 눈 주위를 그려주며 눈초리의 라인은 상향으로 그려준다.
⑤ 눈초리가 상향으로 보이도록 눈의 앞머리 부분은 아래로 향하게 그린다.
⑥ 마스카라와 인조 속눈썹을 붙인다.

아이브로우

① 검은색의 젤 라이너 또는 라이닝 컬러를 이용하여 상향으로 그린다.
② 눈썹의 앞부분이 콧대와 자연스럽게 연결되도록 하며 좌우 대칭에 유의한다.

립 메이크업

입술은 섀도우 컬러와 동일한 붉은 색의 립스틱으로 또렷하게 그린다.

블러셔

① 섀도의 붉은 색이 블러셔 위치까지 덮고 있으므로 별도의 블러셔는 하지 않는다. 다만 귀밑머리를 굵게 장식하여 블러셔를 대신한다.
② 귀밑머리는 검은색의 라이닝 컬러를 이용하여 얼굴 외곽선을 감싸 안듯이 그려준다.
③ 귀밑머리는 턱의 중앙을 향하여 곧게 뻗어 내리며 좌우 대칭에 주의한다.
④ 귀밑머리와 마찬가지로 이마의 *face line*에 앞머리를 그린다.

4) 토탈 코디네이션(완성)

8 할로윈 메이크업

Halloween make up

1) 작품의 개요

할로윈은 여름이 가고 추운 계절이 다가오는 것을 대비하는 축제로 나쁜 영혼을 몰아내기 위해 스스로 악귀처럼 꾸미는 것을 말한다. 정해진 틀은 없으며 강렬하거나 괴기스럽고 평소에 하지 못한 메이크업을 연출한다.

2) 재료 및 도구

① 재료 : 메이크업 베이스, 파운데이션, 파우더, 에보니 펜슬, 아이섀도, 아이라이너, 아이펜슬, 마스카라, 블러셔, 립, 라이닝 컬러

② 도구 : 브러시

3) 메이크업 과정

피부표현

① 해골의 혈색 없는 피부 표현을 위해 흰색 파운데이션이나 라이닝 컬러를 이용하여 검정색이 들어가는 부위를 제외하고 펴 바른다.

② 시간이 흐르면 모델의 피부색이 나타날 수 있으므로 꼼꼼하게 여러 번 얇게 겹쳐 바른다.

아이메이크업

해골의 포인트가 되는 눈과 코, 입 부위에 검정색 라이닝 컬러를 이용하여 어둡게 표현해 그려준다.

립 메이크업

캐릭터에 맞게 치아를 그리거나 부속품을 사용하여 표현한다.

4) 토탈 코디네이션(완성)

9 뱀파이어 메이크업

Vampire make up

1) 작품의 개요

할로윈 파티에 사용되는 캐릭터 메이크업으로 뱀파이어의 창백함과 괴기스러운 느낌을 표현한다.

2) 재료 및 도구

① 재료 : 메이크업 베이스, 파운데이션, 파우더, 에보니 펜슬, 아이섀도, 아이라이너, 아이펜슬, 마스카라, 블러셔, 립, 라이닝 컬러

② 도구 : 브러시, 아이래시 컬러, 인조 속눈썹, 속눈썹 접착제

3) 메이크업 과정

피부표현

① 창백한 얼굴을 표현하기 위해 화이트 색상의 라이닝 컬러나 파운데이션을 이용하여 얼굴 전체에 꼼꼼하게 바른다.
② 지속력을 높이기 위해 되도록 얇게 여러 번 겹쳐 바르도록 하며 화이트 파우더로 마무리한다.

아이메이크업

① 붉은색 아이섀도를 이용하여 눈두덩이에 펴 바른 후 검정색 아이섀도를 이용하여 아이라인에서 아이홀 방향으로 그라데이션한다.
② 언더라인도 검정색 섀도를 이용하여 같은 방법으로 그라데이션한다.
③ 푹 꺼진 눈을 표현하기 위해 눈 앞머리와 눈썹 앞머리 방향에 검정색 섀도로 어둡게 음영 주듯이 펴 바른다.
④ 검정 아이라인으로 눈꼬리 부분을 올려 그려주고 인조 속눈썹을 눈 끝부분에 과장되게 붙여준다.

아이브로우

검정 펜슬을 이용하여 얇고 깨끗하게 표현한다.

립메이크업

① 붉은색이나 와인색 립 컬러를 선택하여 깨끗하게 바른다.
② 화이트 색상의 라이닝 컬러로 송곳니를 그려준다. 이때 부속품을 사용해도 무방하다.

블러셔

창백한 피부를 표현해야 하기 때문에 생략한다. 또는 검정색을 이용하여 광대 뼈 아래 부분을 터치해 푹 꺼진 얼굴형을 표현할 수 있다.

4) 토탈 코디네이션(완성)

III

아트 메이크업 실기

1. 팝아트 메이크업
2. 아방가르드 메이크업
3. 그로테스크 메이크업
4. 큐비즘 메이크업
5. 키치 메이크업
6. 판타스틱 메이크업
7. 아트 마스크 메이크업
8. 바디 페인팅
9. 타투

1 팝아트 메이크업

이미지 : 퍼니 *funny*한 이미지

1) 작품의 개요

팝아트 *pop art*란 1950년대 후반에 미국에서 일어난 전위적(前衛的)인 미술 운동으로, 주변에서 쉽게 볼 수 있는 광고나 만화를 그림의 주제로 삼는 대중 미술이다.

팝아트 메이크업이란 팝아트의 특징을 메이크업에 적용시킨 것을 말한다.

2) 재료 및 도구

① 재료 : 메이크업 베이스, 파운데이션, 파우더, 에보니 펜슬, 섀도, 아이라이너, 아이펜슬, 마스카라, 블러셔, 립, 라이닝컬러, 젤 글리터, 아쿠아컬러

② 도구 : 브러시, 아이래시 컬러, 인조 속눈썹, 속눈썹 접착제

3) 메이크업 과정

피부표현

① 파운데이션을 바르기 전에 프라이머나 메이크업 베이스를 사용해 피부의 결을 정리한다.

② 피부 톤보다 밝은 색 파운데이션과 흰색 라이닝컬러를 섞어 바른다.

③ 소량의 투명파우더를 얼굴 전체에 바른다.

아이메이크업

① 흰색 펜슬을 이용하여 눈가에 밑그림을 그려준다(좌우를 완벽한 대칭으로 표현하지는 않으나 균형감을 위하여 비슷한 크기와 리듬감 있는 라인을 유지).

② 보라색 섀도 또는 보라색 라이닝 컬러를 이용하여 밑그림 안쪽을 채워준다.

③ 보라색을 바른 후 보라색 젤 글리터를 이용하여 밑그림 안쪽을 채워준다(글리터로는 완벽한 보라색을 낼 수 없으므로 글리터와 같은 색 섀도 또는 라이닝 컬러를 칠 한 후 글리터를 사용한다. 가루 타입의 글리터보다 젤 타입의 글리터를 사용할 경우 보다 깨끗한 메이크업을 할 수 있다).

④ 검정색 젤 라이너를 이용하여 눈 주변의 아이라인을 그려주고 마스카라와 인조 속눈썹을 붙여 마무리한다.

아이브로우

글리터가 완전히 건조된 후 검정색 아쿠아컬러로 경계선을 그어 섀도 라인을 정리한다.

립 메이크업

입술은 섀도 컬러와 유사계열인 라일락 *lilac* 또는 레드 바이올렛 *red violet* 컬러를 이용하여 또렷하게 그려준다.

블러셔

브릴리언트 핑크 *brilliant pink* 색상을 이용하여 볼 주변에 자연스럽게 펴 발라준다(블러셔는 눈화장 전에 발라주는 것이 좋다).

4) 토탈 코디네이션(완성)

2 아방가르드 메이크업

이미지 : 전위(前衛)적 이미지

1) 작품의 개요

아방가르드 *avant-garde*는 20세기 초 프랑스와 독일을 중심으로 등장한 예술운동으로 기성예술에의 반항이나 혁명정신을 나타낸 미술사조였으나 오늘날에는 남들이 시도하지 않은 첨단적인 경향의 총칭으로 해석되고 있다.

아방가르드 메이크업이란 기존에 일반적인 메이크업 경향을 벗어나 새로운 방법이나 색다른 형식을 시도하여 메이크업하는 것을 말한다.

2) 재료 및 도구

① 재료 : 메이크업 베이스, 파운데이션, 파우더, 에보니 펜슬, 섀도, 아이라이너, 아이펜슬, 마스카라, 블러셔, 립, 립글로즈, 젤 글리터, 펄 크림

② 도구 : 브러시, 아이래시 컬러, 인조 속눈썹, 속눈썹 접착제

3) 메이크업 과정

피부표현

① 파운데이션을 바르기 전에 쉬머링 *shimmering*한 메이크업 베이스를 바른다.
② 피부색에 맞추어 파운데이션을 바른다.
③ 피부색보다 밝은 색의 파운데이션으로 T-zone에 하이라이트 효과를 준다.
④ 상아색 *ivory*의 펄 크림을 그림과 같이 T-zone과 눈 O-zone의 아래쪽에 펴 바른다.
⑤ 얼굴의 외곽에 소량의 투명파우더를 바른다.

아이메이크업

① 옐로우 오커 *Yellow Ochre* 컬러 섀도를 눈두덩이 앞부분과 언더에 펴 바른다.
② 크림슨 레이크 *Crimson lake* 컬러 섀도를 눈초리를 중심으로 안쪽으로 펴 바른다. 언더도 눈초리에서 눈 앞머리 방향으로 펴 바른다.
③ 마젠타 *magenta* 컬러의 젤 글리터를 눈 아래에 펴 바른다.
④ 젤 라이너를 이용하여 속눈썹 사이를 채워주어 눈매를 또렷하게 강조한다.
⑤ 개성 있는 인조 속눈썹을 붙여주고 마스카라로 마무리 한다.

아이브로우

검정색 섀도를 이용하여 개성있는 눈썹을 그려준다.

립 메이크업

입술은 섀도 컬러와 동일한 색상으로 자유롭게 바른 후 립글로스로 마무리한다.

블러셔

① 블러셔는 스텐실 기법을 사용하여 얼굴의 바깥쪽에서 안쪽으로 펴 바른다.
② 노란색 섀도를 이용하여 광대의 위쪽에서 입술의 구각방향으로 펴 바른다.
③ 노란색보다 바깥쪽으로 보라색의 섀도를 이용하여 안쪽으로 펴 바른다.

4) 토탈 코디네이션(완성)

3 그로테스크 메이크업

grotesque make up

이미지 : 하데스(죽음의 신)의 웨딩

1) 작품의 개요

그로테스크 *grotesque*는 하나의 그림 속에 인간적 요소와 동 · 식물적 요소들이 정교하게 한데 얽혀 나타난 끔찍하거나 무시무시한 장식미술을 의미하는 것으로 그로테스크의 부조화성, 비정상성의 특징을 이미지화 한 것을 그로테스크 메이크업이라 한다.

2) 재료 및 도구

① 재료 : 메이크업 베이스, 파운데이션, 파우더, 아이섀도, 아이라이너, 아이펜슬, 마스카라, 블러셔, 립, 펄 파우더, 라이닝 컬러

② 도구 : 브러시, 아이래시 컬러, 인조 속눈썹, 속눈썹 접착제, 스톤

3) 메이크업 과정

피부표현

① 피부색보다 밝은 파운데이션을 사용하여 얼굴 전체에 펴 바른다.
② 소량의 파우더로 유분이 생기지 않도록 눌러준다.
③ 이마에서 코끝까지 미세한 펄 파우더로 하이라이트 효과를 준다.

아이메이크업

① 펄이 함유된 회색 섀도를 아이홀에 전체적으로 펴 바른다.
② 검정색 섀도를 쌍꺼풀보다 두껍게 그라데이션하듯 바르되 눈꼬리 부분은 올려 곡선의 형태로 바른다.
③ 언더라인에도 위쪽과 같은 방법으로 검정 섀도를 사용하여 아래쪽으로 흐르듯이 바른다.
④ 검정색 아이라이너를 사용하여 눈앞머리부터 두껍게 눈꼬리 부분을 올려 곡선으로 그린다.
⑤ 검정색 섀도를 사용해 콧대 앞쪽에서 시작해 눈썹 앞머리를 지나 이마위쪽으로 부채꼴 모양으로 펴 바른다.
⑥ 흰색 펄 파우더를 아이홀 부위에 바른다.
⑦ 크고 작은 스톤을 사용해 눈꼬리 부분에 붙인다.

아이브로우

검정색 라이닝 컬러를 사용하여 얇게 곡선을 살려 그려준다.

립 메이크업

짙은 와인색으로 립 라인을 또렷하고 깨끗하게 발라준다.

블러셔

검정색 섀도를 사용하여 광대뼈 아래 부분에 헤어라인에서 볼 앞쪽으로 그라데이션 하듯 펴 바른다.

4) 토탈 코디네이션(완성)

4 큐비즘 메이크업

cubism make up

이미지 : 이형화된 이미지

1) 작품의 개요

큐비즘 *cubism*이란 피카소 *Picasso*와 브라크 *Braque*라는 두 대가의 독립된 조형상의 모색을 통해 탄생한 운동으로서 사물의 존재를 2차원적인 면의 분할로 재구성하여 다채로운 색채를 사용한다.

큐비즘 메이크업은 사물형태를 재구성하여 새로운 현실을 창조하는 메이크업이다.

2) 재료 및 도구

① 재료 : 메이크업 베이스, 파운데이션, 파우더, 아이섀도, 아이라이너, 아이펜슬, 마스카라, 블러셔, 립, 젤 글리터, 라이닝 컬러

② 도구 : 브러시, 아이래시 컬러, 인조 속눈썹, 속눈썹 접착제, 스톤

3) 메이크업 과정

피부표현

① 화이트 색상의 파운데이션을 사용하여 얼굴 전체에 펴 바른 후 화이트 파우더를 소량만 유분이 생기지 않도록 눌러준다.
② 한쪽 얼굴에 옐로 색상의 라이닝 컬러를 콧대부터 눈두덩이 라인까지 펴 바르고, 핑크 색상은 이마, 관자놀이, 턱에 펴 바른다. 보라색은 광대뼈 위에 진하게 바른다.
③ 화이트 라이닝 컬러를 이용하여 눈썹 위 부분을 진하게 덮어준다.
④ 반대쪽 얼굴에 옐로, 보라, 오렌지 컬러의 라이닝 컬러로 일정하지 않은 간격으로 부위를 나누어 펴 바른다.
⑤ 색상으로 나누어진 부위에 검정색 아이라이너로 경계를 표현한 후 입체적인 느낌이 나타나도록 옐로, 보라, 오렌지 컬러를 바른 부위에 화이트 색상 라이너를 사용하여 그라데이션 한다.

아이메이크업

① 레드 색상의 아이 섀도를 콧대와 눈 앞머리 부분에 음영이 생기도록 바른다.
② 피부표현에서 해 놓은 옐로와 보라, 핑크 색상 위에 음영이 생기도록 동일한 아이 섀도 색상을 이용하여 펴 바른다.
③ 검정색 아이라이너를 사용하여 콧대부터 턱 밑까지 얼굴 라인을 따라 일정하지 않은 선의 굵기로 그려준 후 화이트 라이닝 컬러로 그 위에 일정하지 않게 그린다. 아이라인에도 두껍고 길게 검정색으로 그려준다.
④ 눈 밑 부위에 화이트 라이닝 컬러로 번지는 점을 찍듯 흐리게 그린 후 마치 눈물이 흐르듯 검정색 라이닝 컬러를 이용해 눈 아래 부분에 그려준다. 글리터를 검정색 라이너 위에 붙여준다.

아이브로우

① 화이트 라이닝 컬러를 눈썹 반대쪽에 발라 눈썹이 지워지도록 한다.
② 모델의 눈썹보다 위에 콧대 라인과 맞추어 상승형이 되도록 가지를 그리듯 그린다.
③ 그려준 눈썹위에 스톤을 붙인다.

립메이크업

① 골드 색상의 라이닝 컬러로 립 전체에 바른다.
② 보라색 라이닝 컬러로 립 중앙부위에 그라데이션 한다.

4) 토탈 코디네이션(완성)

5 키치 메이크업

kitsch make up

이미지 : 촌스럽고 저급한 이미지

1) 작품의 개요

키치 *kitsch*란 '인기는 있지만 질은 낮은 예술품' 또는 '천박한' 이라는 의미로 사용되었으나 최근에는 기성 예술의 엄숙주의를 조롱하고 야유하는 예술의 한 형식을 가리키는 용어로 쓰이고 있다.

키치 *kitsch* 메이크업이란 유치하고 천박한 방법으로 허접한 이미지를 연출하여 현실의 모습을 과장하거나 장식, 혹은 변형을 통해 다양한 주체들의 정서를 표현하는 메이크업이다.

2) 재료 및 도구

① 재료 : 메이크업 베이스, 파운데이션, 파우더, 에보니 펜슬, 크림 섀도, 아이라이너, 아이펜슬, 마스카라, 블러셔, 립, 젤 글리터, 젤 오일

② 도구 : 브러시, 아이래시 컬러, 인조 속눈썹, 속눈썹 접착제

3) 메이크업 과정

피부표현

① 파운데이션을 바르기 전에 쉬머링 *shimmering*한 메이크업 베이스를 바른다.
② 피부색보다 밝은 색의 파운데이션을 이용하여 창백한 피부를 표현한다.
③ 컨실러를 이용하여 잡티나 주근깨 등을 커버한다.
④ 소량의 투명파우더를 얼굴 전체에 펴 바른다.

아이메이크업

① 보라색 크림 섀도를 이용하여 눈 두덩이와 언더에 펴 바른다.
② 속눈썹과 점막을 검은색 젤 라이너를 이용하여 꼼꼼하게 그린 후 눈초리를 상향으로 그린다.
③ 투명 젤 오일로 눈 주변을 바른다.
④ 보라색 젤 글리터를 이용하여 눈가를 채운다.
⑤ 인조 속눈썹을 눈의 위, 아래 모두 붙여준다.

아이브로우

브라운 색상의 펜슬이나 섀도를 이용하여 자연스럽게 그린다.

립 메이크업

원색에 가까운 로즈 *rose* 컬러를 이용하여 부분적으로 얼룩지게 바른 후 립글로스를 덧바른다.

블러셔

로즈 *rose* 컬러를 이용하여 볼 주변에 강하게 펴 바른다. 창백한 피부가 강조되도록 붉은 색을 강조한다.

4) 토탈 코디네이션(완성)

6 판타스틱 메이크업

Fantastic make up

6-1. 이미지 : 팜므 파탈 *femme fatale*

1) 작품의 개요

'화려하고 선정적인 치명적 매력을 가진 여자' 여인의 아름다움을 수단으로 남자를 유혹하고 파멸로 이끄는 여인의 이미지를 표현하기 위해 공작새 깃털과 아이 메이크업을 부각시켰으며, 관능적이고 뇌쇄적인 눈빛과 전체적으로 매력적인 여성의 이미지를 표현하였다.

2) 재료 및 도구

① 재료 : 메이크업 베이스, 파운데이션, 파우더, 아이라이너, 아이블로우, 쉐도우, 라이닝컬러
② 추가재료 : 깃털, 속눈썹, 속눈썹 접착제
③ 도구 : 핀셋, 메이크업 브러쉬, 송곳, 칼

3) 작업 과정

피부표현

팜므 파탈의 이미지를 연출하기 위해 창백하고 보호본능을 느낄 수 있는 밝은 피부톤 컬러를 표현한다. 메이크업 베이스를 한 다음 피부톤보다 한톤 밝은 파운데이션을 스펀지로 표현한다.

아이메이크업

홀라인을 따라 퍼플, 옐로, 그린 등의 라이닝 컬러와 섀도를 사용하여 깊고 그윽한 눈매를 연출하며, 라이닝컬러를 이용하여 눈꼬리를 위로 길고 샤프하게 그려준다.

아이브로우

① 모델의 눈썹형태를 기본으로 섹시한 이미지를 연출하기 위해 눈썹산을 올려서 높게 그려 준다.
② 강한 아이메이크업의 컬러를 부각시키기 위해 다크브라운 컬러로 사랑스러운 여성의 부드러운 이미지를 표현하였다.

쉐딩

전체적으로 팜므 파탈의 창백한 피부표현과 이목구비의 뚜렷함을 강조시키기 위해서 치크의 컬러는 무채색계열의 브라운톤을 사용하였다.

4) 토탈 코디네이션(완성)

6-2. 이미지 : 음률

1) 작품의 개요

'음률'의 이미지를 표현하기 위하여 그에 적절한 다양한 오브제를 활용하였고, 작품의 전체적인 컨셉은 도회적인 차가움과 냉정함을 연출하기 위해 블랙과 화이트의 컬러대비를 이용하여 강약을 표현하였다.

2) 재료 및 도구

① 재료 : 메이크업 베이스, 파운데이션, 파우더, 아이블로우, 섀도, 라이닝컬러
② 추가재료 : LP판, 탬버린, 철사, 하드보드지, 아크릴 비즈, 속눈썹, 접착제
③ 도구 : 핀셋, 브러쉬, 송곳, 칼

3) 작업 과정

피부표현

메이크업 베이스를 한 다음 작품 컨셉인 블랙과 화이트의 대비를 위해 한톤 밝은 파운데이션을 스펀지로 표현한다. 파우더를 사용하여 피부표현을 창백하고 매트하게 표현해준다. 강한 이미지를 위해 헤어는 깔끔하게 올백으로 넘겨서 붙여준다.

아이메이크업

블랙 라이닝컬러로 눈썹산을 높여 강하면서 섹시한 이미지를 연출해주며, 눈두덩이에는 다양한 컬러와 크기의 비즈를 부착하여 화려함을 표현하였다. 인조 속눈썹을 부착 후 길고 그윽한 눈매를 연출하고, 라이닝컬러를 이용하여 눈꼬리를 위로 길고 샤프하게 그려준다.

입술메이크업

아이브로우와 동일한 블랙 라이닝컬러를 이용하여 차갑고 강렬한 이미지를 표현함과 동시에 동일 컬러로 작품의 통일성을 연출한다.

치크와 쉐딩

전체적인 페일 *pale*톤의 피부를 표현하기 위해 치크와 쉐딩은 생략하였고, 눈 앞머리와 T-Zone에는 화이트 펄을 이용하여 뚜렷한 이목구비를 강조한다.

오브제

LP판과 템버린으로 모자의 이미지를 연출하였고, 블랙과 화이트 컬러의 하드보드지를 이용하여 제작한 피아노 건반을 철사에 배치함으로서 음률의 이미지를 표현한다.

4) 토탈 코디네이션(완성)

7 아트 마스크 메이크업

7-1. 이미지 : 메탈 고블린 *Metal Goblin*

1) 작품의 개요

한국의 전래동화에 등장하고 귀신, 괴물로 인식되어져 있으나 사람의 형상을 띠기도 하는 도깨비를 형상화 하였다. 음침하고 어두운 곳을 좋아하는 도깨비의 특성을 살려 화려한 컬러보다는 무채색계열을 사용하고, 메탈 구두굽을 이용하여 도깨비 뿔을 형상화 하였으며, 미래주의적인 도깨비를 표현하였다.

2) 재료 및 도구

① 재료 : 스틱 파운데이션, 라이닝컬러, 에보니 펜슬, 속눈썹, 속눈썹 접착제

② 추가재료 : 볼드캡, 큐빅 줄, 본드, 핀셋, 오팔 펄, 구두굽

③ 도구 : 브러쉬, 스펀지

작가명: 홍수남

3) 작업 과정

피부표현

신비로움을 표현하기 위해 펄 화이트로 베이스 피부표현을 하였고, 골드 뿔의 컬러감을 통일시키기 위해 골드가 가미된 오팔 펄을 사용하여 화려함을 표현하였다.

아이메이크업

전체적인 아이 메이크업의 컬러감 표현보다는 다양한 속눈썹을 사용하여 아트 메이크업의 특성을 살려주었다.

아이브로우

도깨비의 뿔을 강조하기 위해 아이브로우의 채색은 배제하였다.

립 메이크업

뿔이 올라가는 부분인 블랙과 뿔을 강조하는 효과로 입술의 컬러감 또한 배제하였다.

오브제

뿔을 연출하기 위해 볼드캡을 사용하여 깔끔하게 처리 후 골드컬러의 뿔을 강조하기 위해 블랙컬러로 대비를 주었고, 얼굴의 면분할로 단조로움을 배제시켰다.

4) 토탈 코디네이션(완성)

작가명: 홍수남

7-2. 이미지 : 미래의 뷰티 트렌드 *The beauty trend of future*

1) 작품의 개요

21세기의 복잡한 현실 속에서 *humanity* 성향의 미(美)의 트렌드가 변화되어 가고 있고 있음을 다양하게 묘사하고자 하였다. 기존의 뷰티트렌드는 단순한 '아름다움' 만을 추구하였다면, 미래에는 퓨처리즘의 특성과 컬러감에 사이버틱함이 가미된 미래의 *New Beauty Trend* 를 작품으로 표현하였다.

2) 재료 및 도구

① 재료 : 블랙컬러 도란
② 추가재료 : 스프리트 검, 볼드캡, 플라스틱 숟가락, 비즈, 벨벳원단, 큐빅 줄
③ 도구 : 핀셋, 브러쉬

3) 작업 과정

볼드캡

① 머리카락을 가는 빗으로 매끈하게 올백 *all back*으로 빗어 넘긴 후 젤을 발라서 머리를 두피에 고정시킨다.
② 볼드캡을 머리에 씌워 두정부에 공간이 없도록 하여 두피에 밀착시킨 후 가장자리에는 스프리트검으로 붙여준다.
③ 가장자리는 헤어라인의 경계가 생기지 않게 아세톤으로 녹여준 후 매끄럽게 경계를 없애준다.

피부표현

얼굴 및 상반신을 올 블랙컬러의 도란 *dohran*으로 채색 후 어느 정도 마른 후 다양한 크기, 모양, 컬러의 비즈를 부착하였다.

아이메이크업

피부표현의 블랙컬러와 대비컬러인 실버 비즈가 퓨처리즘의 화려함을 표현하였다.

아이브로우

눈썹은 생략하고 실버와 브론즈 컬러의 비즈를 부착하고, 미간에는 사이버의 이미지를 표현하기 위해 관련 이미지를 연상할 수 있는 큐빅 오브제를 부착하였다.

립메이크업

전체적인 컬러감을 통일하기 위해 실버컬러로 신비로운 입술을 연출하였다.

4) 토탈 코디네이션(완성)

작가명: 홍수남

7-3. 이미지 : Go to the party

1) 작품의 개요

아르누보의 시기에 화려한 깃털장식의 모자를 쓰고 파티를 가려 하는 여인의 엘레강스함을 표현하였다.

2) 재료 및 도구

① 재료 : 화이트 마스크 1개, 투명 마스크 1개, 핑크, 블랙, 아이보리 문양의 깃털, 큐빅 줄, 골드 오팔 스팽글, 꽃문양의 자개, 핑크, 골드, 오팔 컬러의 펄

② 도구 : 본드, 핀셋, 픽사티브

3) 작업 과정

피부표현

① 화이트 마스크 위에 픽사티브(정착제)를 고르게 분사시킨 후 핑크, 골드, 오팔색 컬러를 손으로 흩뿌리듯 뿌려준다.
② 그 위에 픽사티브를 한 번 더 뿌려준 후 투명 마스크를 부착시킨다.

아이메이크업

눈썹은 생략하고 큐빅 줄레이스를 한 쪽 눈에 눈썹형태로 부착한 후 자개를 본드로 붙여준다. 언밸런스 한 컨셉이기에 눈썹은 생략한다.

립메이크업

골드 스팽글을 본드로 붙여준다.

오브제 장식

① 얼굴 한 쪽 면을 사선으로 하여 언밸런스 한 이미지를 다양한 컬러의 깃털로 연출해준다.
② 깃털의 컬러 배치는 작가가 표현하고자 하는 컨셉에 맞게 어두운 컬러를 베이스로 깔고 그 위에 핑크, 아이보리 컬러를 적절히 배치하여 컬러감이 한쪽으로 편중되지 않게 골고루 배치시킨 후 작품을 마무리 한다.

4) 토탈 코디네이션(완성)

작가명: 홍수남

8 바디 페인팅

8-1. 이미지 : Futurism

1) 작품의 개요

현재의 인간적인 이미지를 탈피하여 미래 공상적이고 사이버틱함이 가미된 미래의 휴먼이미지를 표현하였다. 인체의 전체적인 실루엣을 입체적으로 표현하였고, 면 분할과 동시에 색감의 콘트라스트를 묘사하였다.

2) 재료 및 도구

① 재료 : 아쿠아 물감, 화이트 펜슬, 글리터, 파운데이션, 파우더
② 도구 : 둥근브러쉬, 평면 브러쉬, 에어브러쉬, 컴프레셔, 스텐실

3) 작업 과정

사전작업

얼굴 표현의 기초단계는 파운데이션을 스펀지로 표현한 후 파우더를 도포함으로써 유분기를 충분히 제거해 준다. 아쿠아 물감의 밀착성을 위해 바디 전체의 유분기를 제거해 준다.

디자인

표현하고자 하는 디자인 작업을 위해 화이트 펜슬을 사용하여 바디에 도안작업을 한다.

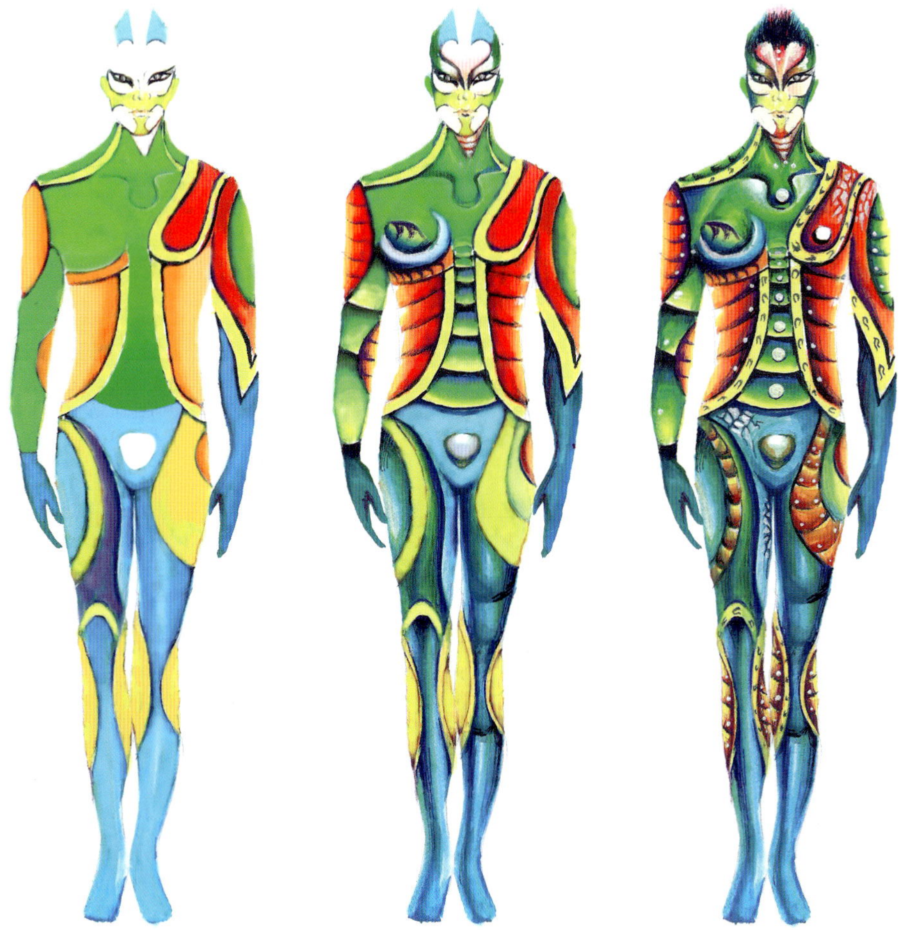

채색

① 작품 컨셉에 맞게 도안 디자인에 옐로, 그린, 블루 톤을 중심으로 베이스 컬러를 그라데이션을 한다.
② 그라데이션 효과는 평면 브러쉬를 이용하여 부드럽게 채색한다.
③ 이후 둥근 브러쉬와 블랙, 화이트컬러를 이용하여 경계선 및 점을 표현함으로서 디자인의 강조 효과를 준다.
④ 얼굴 표현은 눈매를 또렷하게 강조는 하되 아이브로우는 생략하며, 입술메이크업 또한 작품의 이미지에 맞게 전체적인 컬러로 연결해주고 강조하지 않는다.
⑤ 바디의 배색 이미지를 얼굴에도 같이 연결하여 통일감과 조화를 표현하되, 얼굴은 피지선으로 인해 유분히 발생하므로 제일 나중에 작업한다.

오브제

바디와 얼굴의 주요 컬러의 강조를 위해 글리터를 도포해 주며, 헤어는 전체적인 디자인을 통일시켜 채색한다.

4) 토탈 코디네이션(완성)

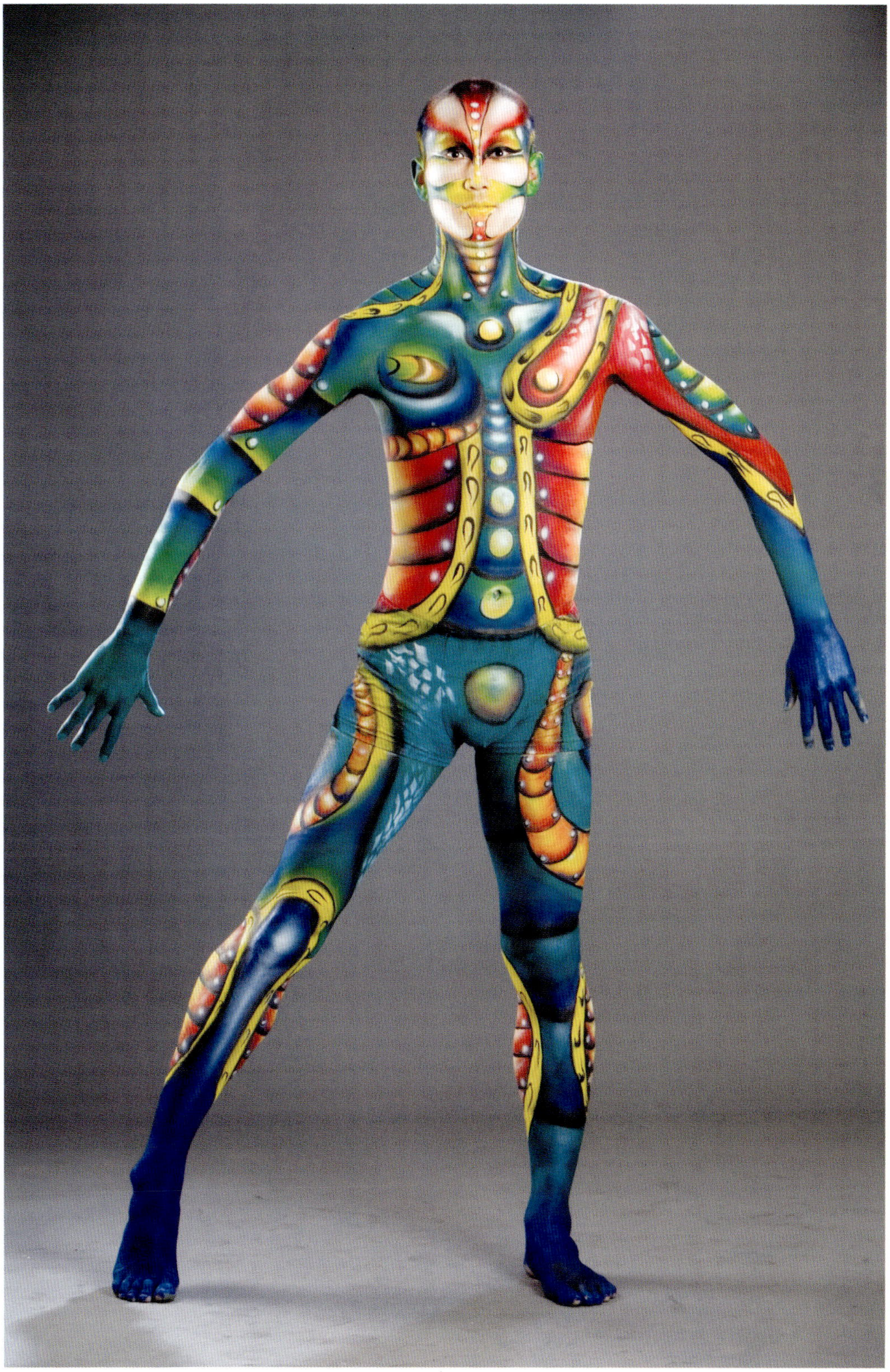

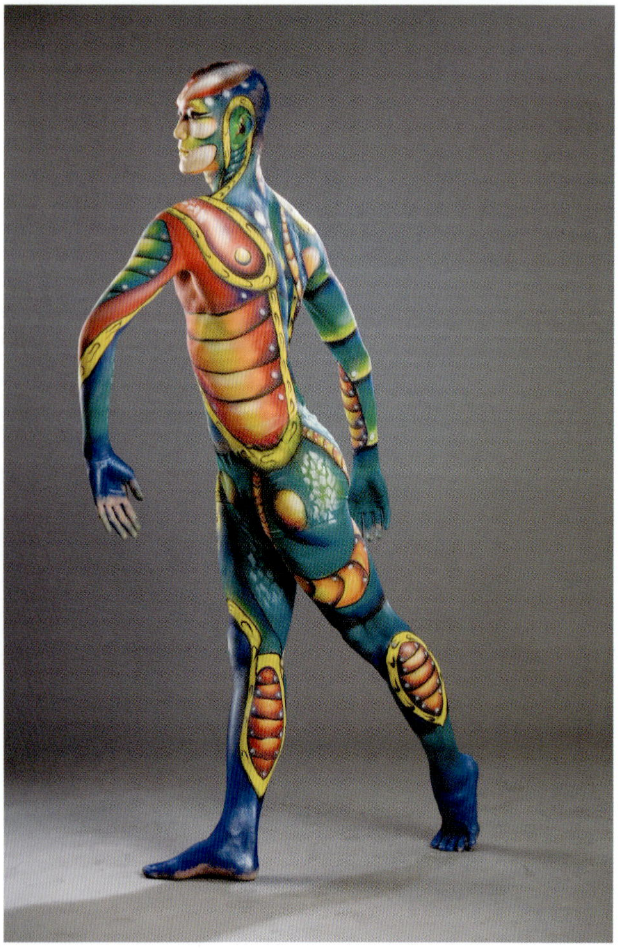

작가명: 한국메이크업 전문가협회

8-2. 이미지 : Harmony of color

1) 작품의 개요

기존의 형상적인 디자인을 벗어나 단순한 점, 선, 면의 표현과 그러데이션 효과를 중심으로 인체에 표현하였다. 전반적으로 비비드한 컬러를 배색함으로서 시각적으로 화려함을 강조하였으며, 부드러운 브러쉬 테크닉을 사용하여 인체 곡선의 느낌을 시각적으로 극대화하였다.

2) 재료 및 도구

① 재료 : 아쿠아 물감, 화이트 펜슬, 글리터, 화이트 파운데이션, 파우더

② 도구 : 둥근 브러쉬, 평면 브러쉬, 머리장식

3) 작업 과정

사전작업

① 아쿠아 물감의 밀착성을 위해 바디 전체의 유분기를 제거해 준다.

② 얼굴 표현의 기초단계는 파운데이션을 스펀지로 표현한 후 파우더를 도포함으로써 유분기를 충분히 제거해 준다.

디자인

표현하고자 하는 디자인 작업을 위해 화이트 펜슬을 사용하여 바디에 도안작업을 한다.

채색

① 명도가 밝고 면적이 큰 부분 위주로 베이스 표현을 시작한다.

② 그라데이션 효과는 평면 브러쉬를 이용하여 부드럽게 채색한다.

③ 이후 둥근 브러쉬와 블랙 & 화이트컬러를 이용하여 경계선 및 점을 표현함으로서 디자인의 강조효과를 준다.

④ 바디의 배색 이미지를 얼굴에도 같이 연결하여 통일감과 조화를 표현하되, 얼굴은 피지선으로 인해 유분이 발생하므로 제일 나중에 화이트 파운데이션과 파우더로 기초 작업한다.

오브제

① 바디와 얼굴의 주요 컬러를 강조하기 위해 곡선을 따라 글리터를 도포해 준다.

② 헤어는 전체적인 디자인을 통일시켜 채색하며, 오브제 장식을 장식한다.

4) 토탈 코디네이션(완성)

9 타투

9-1. 웨딩 타투

1) 작품의 개요

우리가 현재 알고 있는 순결의 의미보다는 19세기 영국 빅토리아 여왕이 입음으로써 부와 권력의 상징으로 대변하며 전통으로 알려지기 시작하였으며, 순백의 *pure-White* 결혼식 때 화이트드레스를 입기 시작한 역사가 생각보다는 오래되지 않았다. 하지만 아직은 유교적인 사상이 틀에 박혀 있는 한국사회의 순결의 중요성을 표현하기 위해 다양한 비즈장식이나 화려한 글리터의 사용을 자제하여 순백의 신부이미지를 표현하였다.

2) 재료 및 도구

① 재료 : 화이트 펜슬, 화이트 컬러링 잉크, 알콜
② 도구 : 브러쉬, 면봉, 화장솜

3) 작업 과정

사전작업

시술부위를 화장솜을 이용하여 피부의 유분을 닦아 낸다. 이러한 과정은 컬러 잉크가 피부와 착색을 용이하게 해주며, 타투 디자인의 지속력을 보완하기 위한 과정이다.

디자인

시술하고자 하는 부위에 화이트 펜슬을 이용하여 도안을 디자인한다.

채색

디자인한 피부에 흰색 컬러링 잉크를 붓으로 그린다.

마무리작업

투명파우더로 마무리를 해줌으로써 끈적임을 없애고 오랫동안 디자인이 유지되도록 해준다.

오브제

비즈장식, 레인보우 글리터, 샤이닝 글리터로 다양한 표현을 함으로써 좀 더 화려한 디자인을 표현해 준다.

4) 토탈 코디네이션(완성)

작가명: 김린정

9-2. 일반 타투 *Black*

1) 작품의 개요

절대적인 진리 *the absolute truth*를 의미하는 상징적인 디자인으로써 21세기 현재 남성의 여성화 또는 여성의 남성화로 성 정체성이 문제시 되는 시점에서 남자는 직선의 강한 트라이벌 문양을, 여자는 곡선의 레이스 문양으로 변할 수 없는 절대적인 남성과 여성의 성향을 이미지로 표현하였다.

2) 재료 및 도구

① 재료 : 화이트펜슬, 검정 컬러링잉크, 알콜
② 도구 : 브러쉬, 면봉, 화장솜

작가명: 김린정

3) 작업 과정

사전작업

시술부위를 화장솜을 이용하여 피부의 유분을 닦아 낸다. 이러한 과정은 컬러 잉크가 피부와 착색을 용이하게 해주며, 타투 디자인의 지속력을 보완하기 위한 과정이다.

디자인

시술하고자 하는 부위에 화이트나 누드색 펜슬을 이용하여 도안을 디자인 한다.

채색

디자인 한 피부에 검정 컬러링 잉크를 붓으로 표현한다.

마무리작업

투명파우더로 마무리를 해줌으로서 끈적임을 없애고 오랫동안 디자인이 유지되도록 해준다.

4) 토탈 코디네이션(완성)

작가명: 김린정

9-3. 일반 타투 *Color*

1) 작품의 개요

연화국(蓮花國)을 의미하는 디자인으로써 연꽃이 피어있는 나라라는 뜻으로 괴로움이 없으며 지극히 안락하고 자유로운 세상의 극락정토 이미지를 표현하였다.

2) 재료 및 도구

① 재료 : 화이트펜슬, 컬러링 잉크(검정,빨강,노랑,파랑), 알콜
② 도구 : 브러쉬, 면봉, 화장솜

3) 작업 과정

사전작업

시술부위를 화장솜을 이용하여 피부의 유분을 닦아 낸다. 이러한 과정은 컬러 잉크가 피부와 착색을 용이하게 해주며, 타투 디자인의 지속력을 보완하기 위한 과정이다.

디자인

시술하고자 하는 부위에 화이트나 누드색 펜슬을 이용하여 도안을 디자인 한다.

채색

① 디자인한 곳에 검정 컬러링 잉크로 라인을 그린다.
② 채색은 밝은색 잉크에서 어두운색 잉크의 순서로 사용하고, 명도가 밝은 부분은 알콜로 희석하여 채색의 강약을 조절하여 채색한다.

마무리작업

투명파우더로 마무리를 하여 끈적임을 없애고 오래동안 유지되도록 도와준다.

4) 토탈 코디네이션(완성)

작가명: 김린정

9-4. 레인보우 타투

1) 작품의 개요

봉황(鳳凰)을 상징하는 디자인으로써 천하가 태평할때 나타난다는 상상의 새 봉황의 봉은 수컷, 황은 암컷을 이라고 하며, 세월이 흐름에 따라 용은 황제, 봉황은 황비로 상징되어왔다. 현 사회에서도 대통령의 전용 휘장문양이나 청와대 정문에도 장식되어있는 봉황의 강력한 이미지를 화려하게 작품에 표현해 보았다.

2) 재료 및 도구

① 재료 : 펜슬(화이트, 누드), 스킨바디글루, 레인보우 글리터, 알콜

② 도구 : 브러쉬, 면봉, 화장솜

3) 작업 과정

사전작업

시술부위를 화장솜을 이용하여 피부의 유분을 닦아 낸다. 이러한 과정은 컬러 잉크가 피부와 착색을 용이하게 해주며, 타투 디자인의 지속력을 보완하기 위한 과정이다.

디자인

시술하고자 하는 부위에 화이트나 누드색 펜슬을 이용하여 도안을 디자인 한다.

채색

① 디자인한 곳에 붓으로 스킨 바디글루를 바른다.
② 흰색의 스킨 바디글루가 말라서 투명해지면 레인보우 글리터를 그라데이션하며 뿌려준다.

마무리작업

좀 더 화려함을 원할 경우 다양한 비즈로 장식하여 표현가능하다.

4) 토탈 코디네이션(완성)

작가명: 김린정

작가명: 김린정

Ⅳ 메이크업 일러스트 패턴

1. 여성 안면 일러스트 패턴 1

2. 여성 안면 일러스트 패턴 2

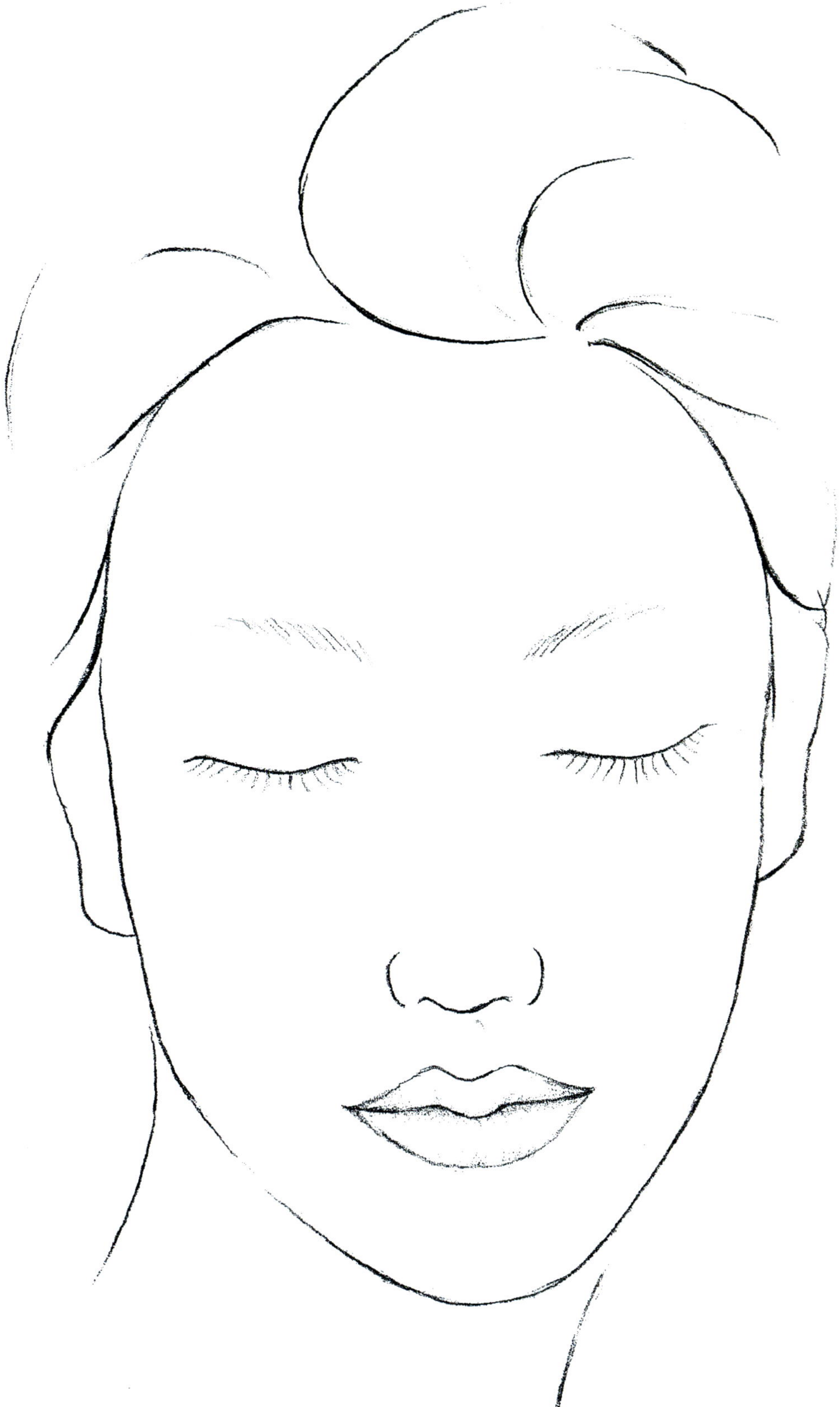

3. 남성 안면 일러스트 패턴 1

4. 남성 안면 일러스트 패턴 2

5. 여성 상체 일러스트 앞면 패턴

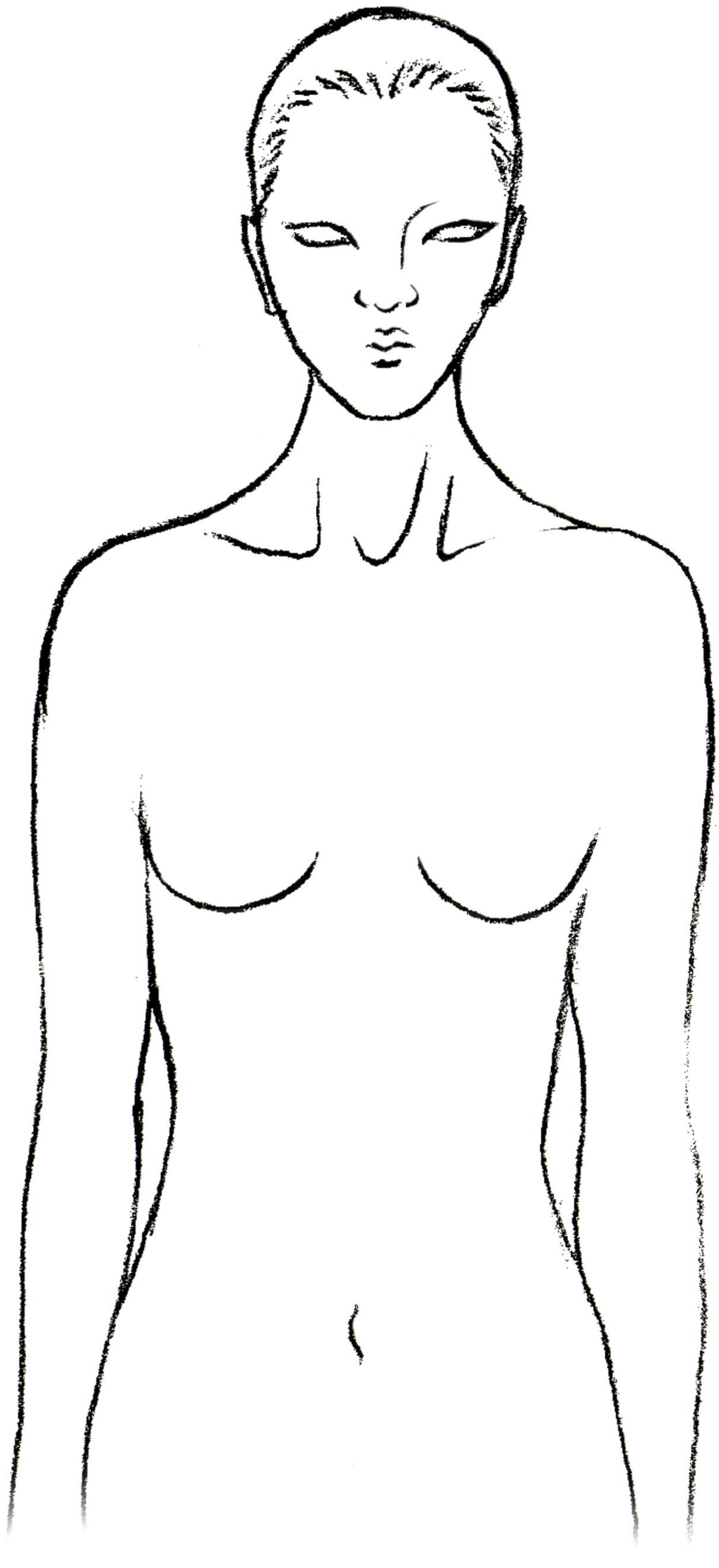

6. 여성 상체 일러스트 뒷면 패턴

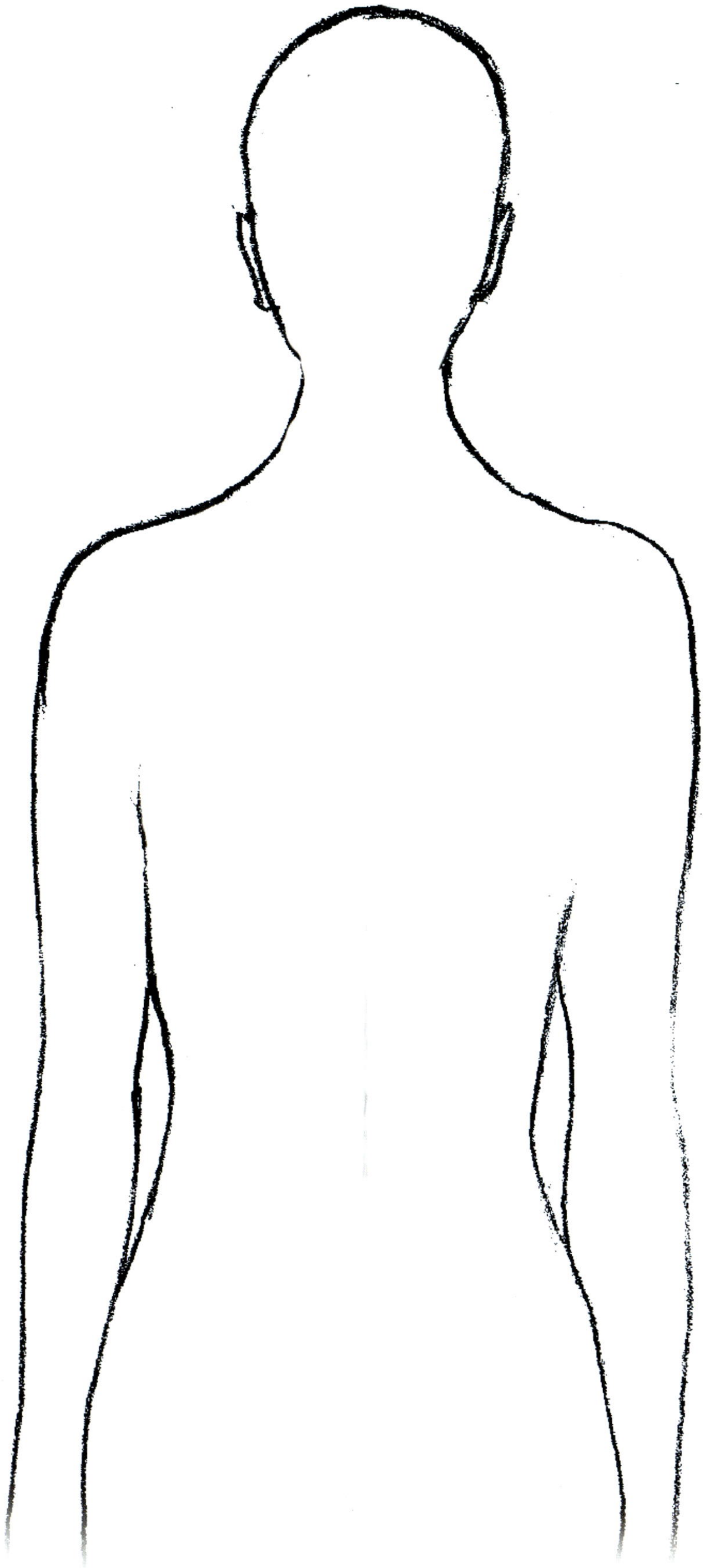

7. 남성 상체 일러스트 앞면 패턴

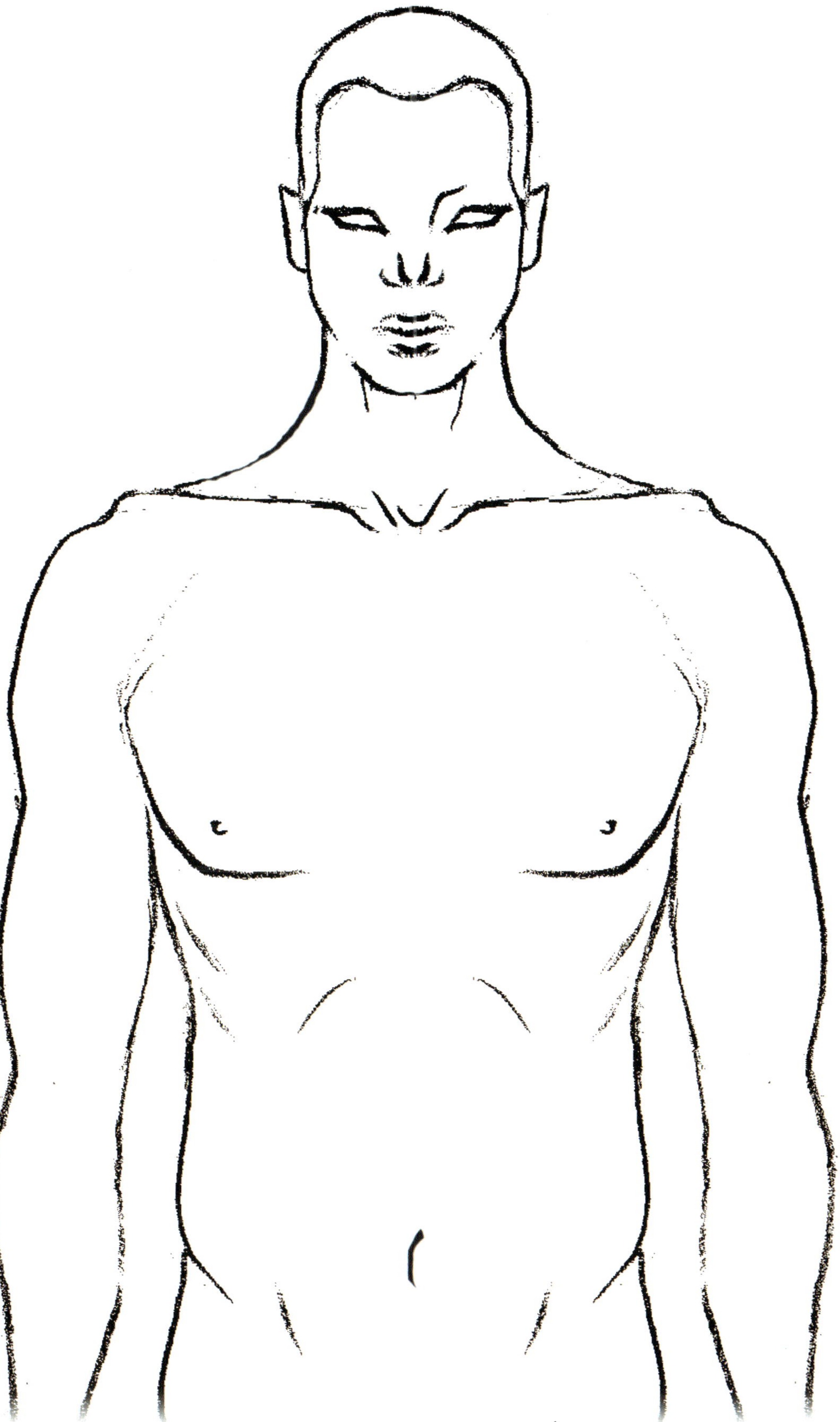

8. 남성 상체 일러스트 뒷면 패턴

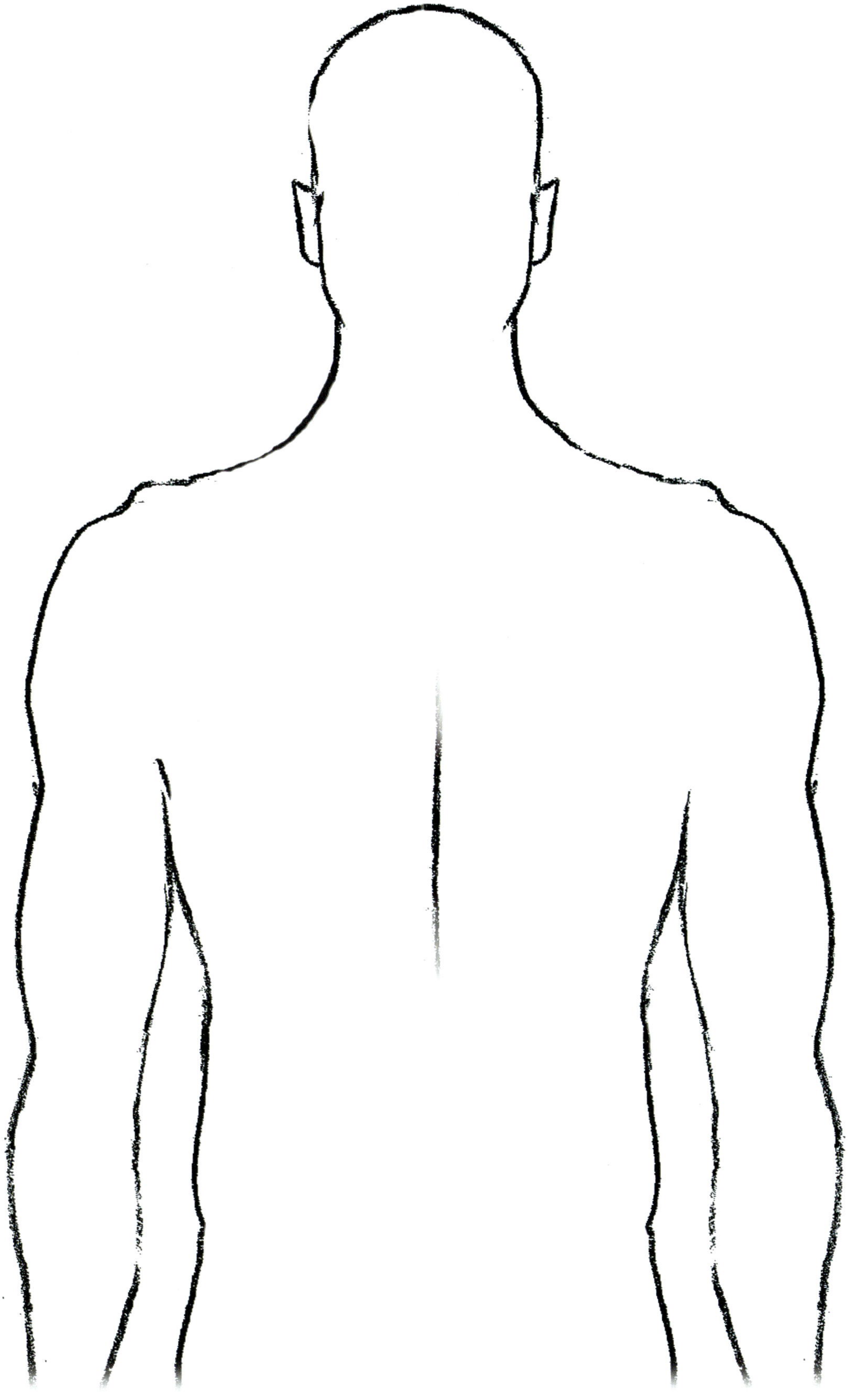

9. 여성 전신 일러스트 앞, 뒷면 패턴

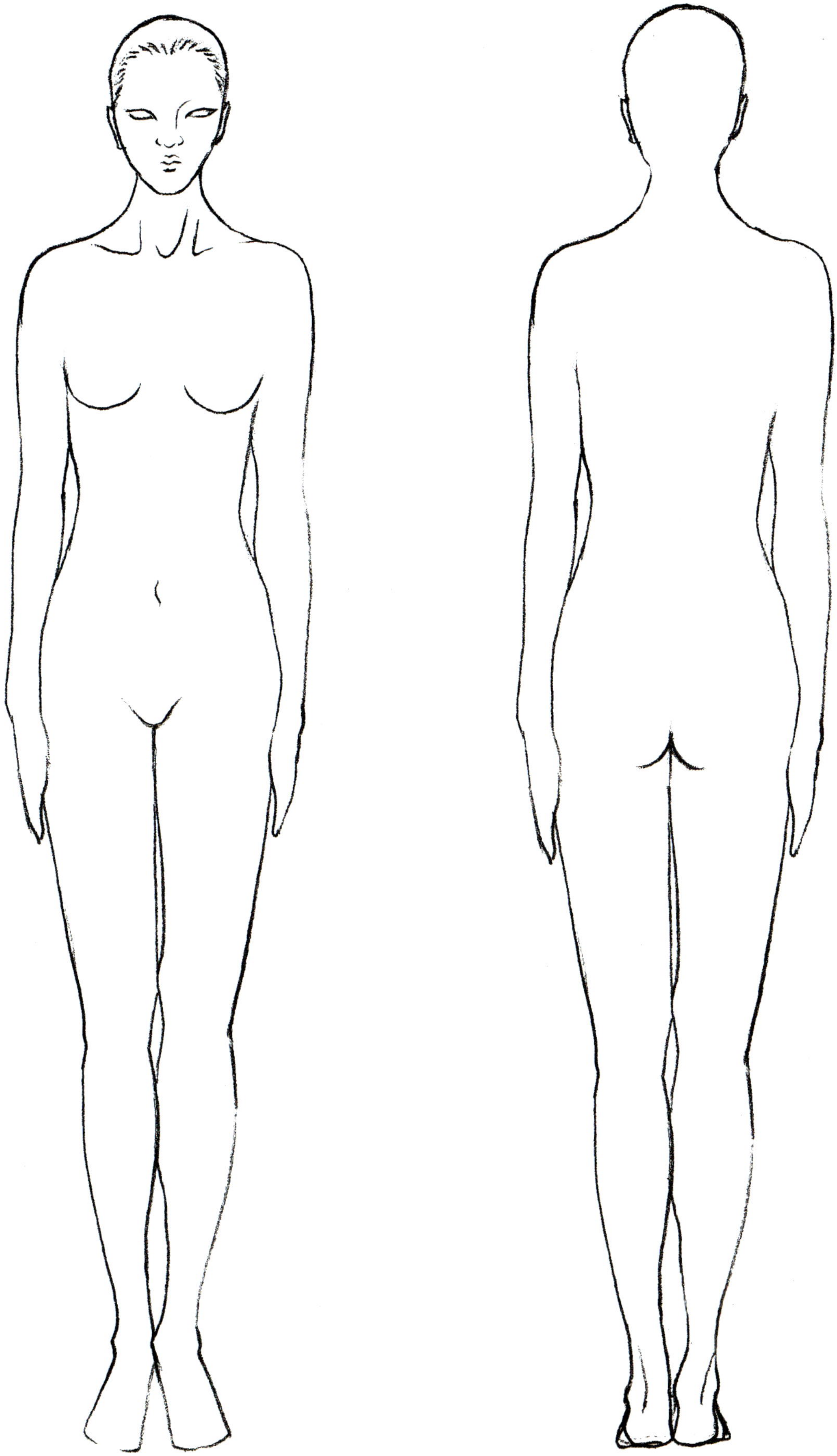

10. 남성 전신 일러스트 앞, 뒷면 패턴

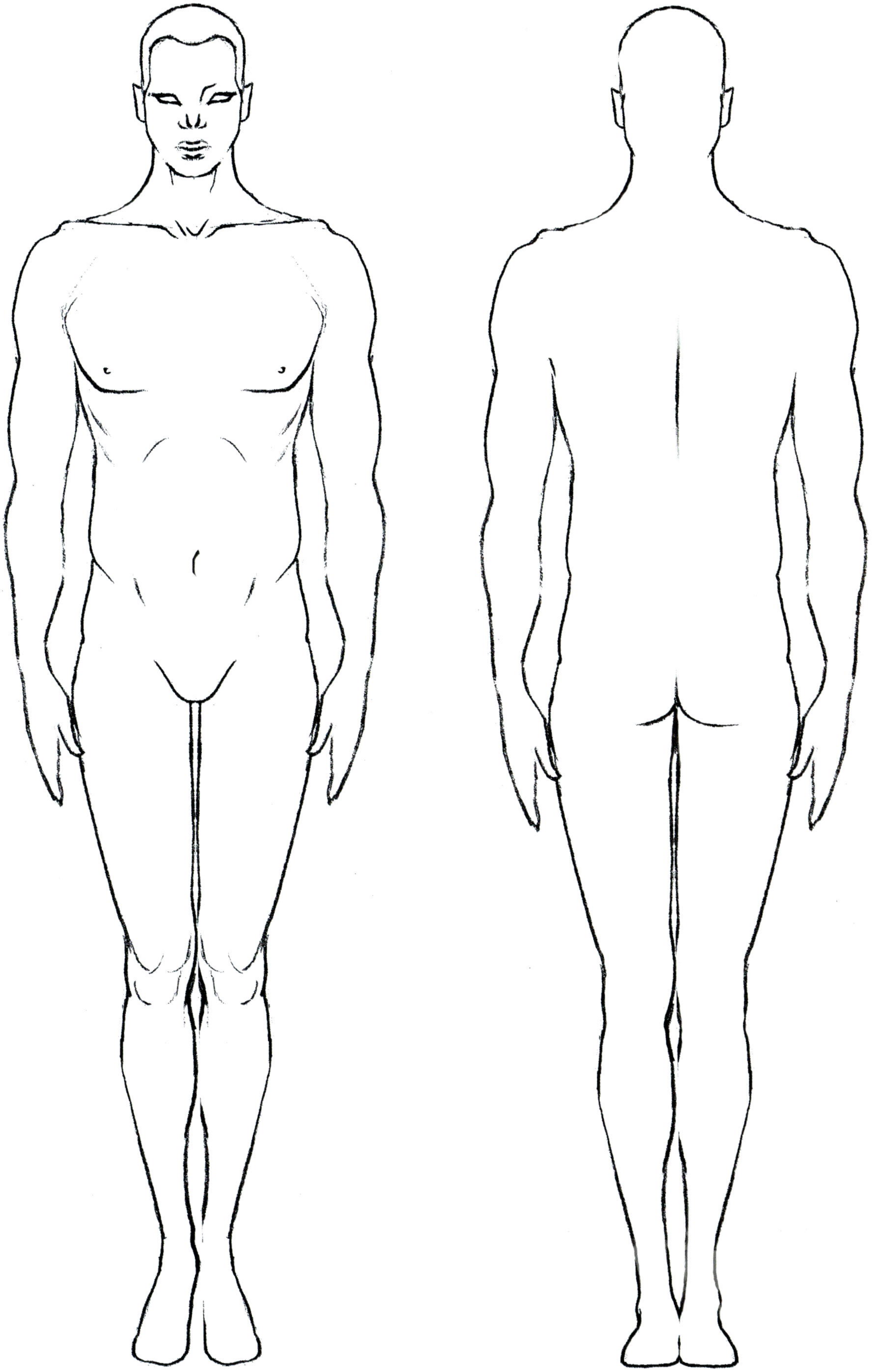

참고문헌

- 디자인의 발상(2003) / 김인혜 / 미진사
- 디자인의 이해 / 미진사 / 민 경우, 2002
- 미용학사전 / 한국미용학회 / 2003
- 선을 강조한 아트 메이크업에 관한 연구(2004) / 김양은 / 창원대학교 산업정보대학원 석사학위논문
- 스타일 메이크업(2003) / 오세희 / 성안당
- 아트 메이크업 일러스트레이션에 관한 연구 : 표현주의 회화를 중심으로(2003) / 김예성 / 한성대학교 예술대학원 석사학위논문
- 아트 메이크업에 있어서 컴퓨터 그래픽의 활용방안(2007) / 최은숙 / 한성대학교 예술대학원 석사학위논문
- 아트메이크업 교육을 위한 MIS 디자인 발상 프로세스(2012) / 신원선 / 서경대학교 대학원 박사학위논문
- 이집트 장식문양을 응용한 현대 아트 메이크업 연구(1995) / 김영경 / 이화여자대학교 석사학위논문
- 패션경향에 따른 메이크업에 관한 연구(2003) / 김교희 / 대구가톨릭대학교 디자인대학원 석사학위논문
- 한국미용학회, 『미용학사전』, 2003,
- 현대 아트 메이크업의 회화적 경향과 기법에 관한 연구(2002) / 노희영 / 한성대학교 예술대학원 석사학위논문
- ART MAKE-UP(2006) / 김영숙 외 / 예림
- http://hellokat.wordpress.com
- http://media.photobucket.com
- http://media.picfor.me
- http://model.ctv.ca
- http://thegalactica.com
- http://www.artfromcode.com
- http://www.flickr.com
- http://www.kiprint.com
- http://desktoppub.about.com
- http://www.ehow.com
- Makeup is Art(2011)/Academy of Freelance Makeup / London Carlton Books Limited
- The Art of Make-up(2003) / 이화순 외 / 형설출판사
- The Body Art(2006) / 한명숙 외 / 청구문화사

찾아보기

INDEX

저자소개

천지연(서정대학교)
김정희(원광대학교)
이귀영(안산대학교)
방효진(중부대학교)
송수미(장안대학교)
오수나(동원대학교)

아트 & 캐릭터 메이크업

2013년 8월 20일 초판인쇄
2013년 8월 30일 초판발행

지은이 : 천지연 · 김정희 · 이귀영
방효진 · 송수미 · 오수나
펴낸이 : 이상태
펴낸곳 : 청구문화사
디자인 : 유서연
주 소 : 120-831 서울특별시 서대문구 연희 1동 436-1
전 화 : 02-332-0541(代) FAX : 02-337-9577
등 록 : 1990년 11월 2일 제9-247호

가격 25,000원

ISBN 978-89-5616-568-4 93590